Zur Bestimmung strömender Flüssigkeitsmengen im offenen Gerinne

Ein neues Verfahren

von

Dipl.-Ing. Oskar Poebing

Betriebsleiter des Hydraulischen Institutes der Technischen
Hochschule München

Mit 23 Textabbildungen und 1 Tafel

Springer-Verlag Berlin Heidelberg GmbH
1922

ISBN 978-3-662-22729-9   ISBN 978-3-662-24658-0 (eBook)
DOI 10.1007/978-3-662-24658-0

Vorwort.

Unter den Aufgaben des praktisch auf dem Gebiete der Wasserkraftmaschinen- und Anlagen tätigen Ingenieurs ist die Aufgabe der exakten Wassermessung unstreitig eine der schwierigsten. Sowohl die natürliche Wasserführung eines zu messenden Flußlaufes, als auch die Ausnützung der einmal gefaßten Wassermenge durch die Turbinen einer Wasserkraftanlage ist einem steten Wechsel unterworfen. Die Schwankungen der Wassermenge sind zeitlich und in ihrer Größenordnung innerhalb weiter Grenzen verschieden. Dieser Umstand führte dazu, daß Lösungen des Problems der Wassermessung an sich von den bedeutendsten Köpfen der Technik zu allen Zeiten auf die verschiedenartigste Weise gesucht und gefunden wurden. Charakteristisch von allen Erfindungen auf dem Gebiete der hydraulischen Meßvorrichtungen erscheint dabei der Umstand, daß die Grundlage für die Lösung stets der Versuch, in keinem der bekannten Fälle die reine Theorie war, daß es jedoch stets der Theorie gelungen ist, die einmal gefundene Lösung bis in die entferntest liegenden Anwendungsgebiete klarzustellen und an ihrem Ausbau erfolgreich mitzuwirken.

Unter diesem Gesichtspunkte bittet der Verfasser seine Kollegen und Freunde die vorliegende Arbeit betrachten zu wollen, für deren verständnisvolle Drucklegung er dem Verlag zu besonderem Danke verpflichtet ist. Sie soll dazu dienen, um bei der Erforschung des Wasserhaushaltes sowohl wie im praktischen Betriebe Dienste zu leisten.

Der Verfasser möchte bei dieser Gelegenheit vor allem seinen Dank dem verstorbenen Vorstand des Institutes, Herrn Professor Dr. Camerer, dafür aussprechen, daß er die Durchführung der Versuche ermöglicht hat. Ferner sei auch den zum Teil bei der Durchführung und Auswertung der Versuche Beteiligten, vor allem Herrn Diplomingenieur Roth, dann Herrn Diplomingenieur Kammerer, Assistent am Hydraulischen Institut, den Studierenden der Maschineningenieurabteilung Herren A. Korhammer, F. A. Reinhardt, M. Pichl und Benzinger, sowie dem gesamten Werkpersonal des Institutes der Dank an dieser Stelle ausgesprochen.

München, im Juli 1922.

Der Verfasser.

Inhaltsverzeichnis.

1. Historischer Überblick.

Kritik der bestehenden Wassermeßarten.

Die Ausnützung der Wasserkräfte bedingt eine stetige Vervollkommnung sowohl in Bau und Anwendung der Wasserkraftmaschinen als auch in der Verwertung der aus diesen Maschinen gewonnenen Energie. Das Ziel, welches die heutige Ausnütznng der Wasserkräfte bei den stets schwindenden Vorräten der gasförmigen, flüssigen und festen Brennstoffe mit immer zäherer Energie anstreben muß, ist die restlose Erfassung der fließenden Wassermengen innerhalb ihrer Gefällsstufe zur nutzbaren Arbeitsabgabe. Die Erreichung dieses Zieles setzt voraus, daß der Energieinhalt des strömenden Wassers nach Gefälle und Wassermenge meßbar verfolgt und festgelegt wird. Die Notwendigkeit dieser Maßnahmen bricht sich in diesen Tagen allgemein Bahn und gipfelt in dem Bestreben, die fließenden Wassermengen eines Landes fortlaufend nach Ort und Zeit für alle in Betracht kommenden Punkte zu registrieren.

Von dem letzteren Gesichtspunkt aus darf die vorliegende Arbeit vielleicht das Interesse der Allgemeinheit beanspruchen, da sie ein neues Verfahren angibt, welches zur fortlaufenden Bestimmung fließender Wassermengen in offenem Gerinne und durch die Eigenart des Meßverfahrens unmittelbar dem obengenannten Zwecke dient. Bevor auf deren Wesen selber eingegangen wird, erscheint es angebracht, eine Übersicht über die historische Entwicklung der bestehenden Wassermeßarten zu geben und jeweils eine Kritik über deren Wertigkeit und praktische Verwendbarkeit anzuschließen.

Die ältesten Methoden zur Bestimmung der Wassermengen beruhen auf der Geschwindigkeitsmessung der einzelnen Stromfäden innerhalb des Strombettes durch Angleichung eines im Flüssigkeitsstrom schwimmenden Meßkörpers an die Geschwindigkeit der umgebenden Flüssigkeitsteile.

Das älteste zu diesem Zweck verwendete Instrument ist ein von dem Forscher Cabeo, geboren 1585 zu Ferrara, benutzter Stab, welcher im Wasser schwimmt und in der Vertikallage durch Beschwerung seines unteren Endes erhalten wird. Cabeo benutzte diesen Stab zur Messung der Stromgeschwindigkeit des Po im Jahre 1646[1]). Hat der Stab auf seiner ganzen Länge gleichen Querschnitt, so glaubt Rühlmann[2]) annehmen zu dürfen, daß er sich mit der mittleren Geschwindigkeit des Längenprofiles fortbewegt, in welchem er schwimmt. Diese Annahme wird auch durch Versuche von Francis bestätigt, welche Safford in seinem Werk „A treatise on hydraulics“, New-York, 1911, S. 241—253 beschreibt. Dieser sogenannte Tiefenschwimmer[3]) ist von bedeutenden Forschern und Ingenieuren für die Geschwindigkeitsermittlung in Flußläufen angewandt worden, so von Francis, Houghes, Safford, Wiebeking, Grebenau, Hagen, Hansen, Bazin u. a.[4]).

Der Genauigkeitsgrad dieser Methode ist bei Messungen im profilierten Kanal ein genügender. Er wächst dabei mit der Zahl der Beobachtungen.

Sicherlich noch vor dem Tiefenschwimmer des Cabeo waren Oberflächenschwimmer mannigfachster Bauart (Holzstücke, Hohlkugeln, Fässer u. dgl.) in Gebrauch. Humpreys und Abots Messungen am Mississippi gründen sich auf solche Beobachtungen. Der Genauigkeitsgrad der Messung ist für den Oberflächenschwimmer erklärlicherweise geringer als beim Tiefenschwimmer, was durch Versuche an der Technischen Hochschule Hannover und durch die Lahmayerschen Erfahrungsresultate[5]) bestätigt wird.

Eine Vereinigung des Tiefen- und Oberflächenschwimmers stellt die von Venturoli[6]) erstmals angewandte Doppelkugel dar, worüber Bornemann in seinem Werk „Hydrometrie“ nicht ungünstig berichtet. Bei diesem Verfahren wird eine der beiden Kugeln durch Beschweren zum Sinken gebracht und von der oberen Kugel schwebend erhalten.

All die genannten Methoden haben sich bei Messungen im profilierten Kanal bewährt[7]). Dabei ist jedoch zu beachten, daß die Oberflächenschwimmer nur die an der Oberfläche herrschende

---

[1]) Massotti, Nuova Raccoltà, Bd. 2, S. 398. — Brünings, Über die Messung der Geschwindigkeit fließenden Wassers, Frankfurt a. M. 1798, S. 99.

[2]) Rühlmann, Hydromechanik, Bd. 1, 1879, S. 163.

[3]) Camerer, Vorlesungen über Wasserkraftmaschinen, 1914, S. 23.

[4]) Ausführliche Angaben über diese Messungen finden sich in folgenden Werken: Grebenau, Die internationale Rheinstrommessung bei Basel, 1867, S. 79 ff. — Francis, Lowell hydraulic experiments, Boston 1855, S. 70 ff. — Hagen, Handbuch der Wasserbaukunst, Königsberg 1853. — Müller, Hydrometrie, Hannover 1903. — Mattern, Ausnützung der Wasserkräfte, Leipzig 1908.

[5]) Lahmayer, Erfahrungsresultate, Braunschweig 1845.

[6]) Venturoli, Elementi di mechanica e d' hidraulica, Mailand 1817, Bd. 2.

[7]) Safford, A treatise on Hydraulics, New-York 1911, S. 241—253.

Geschwindigkeit, die Venturolische Doppelkugel einen gewissen Mittelwert der bestrichenen Ober- und Unterschicht und die Tiefen- oder Stabschwimmer einen Mittelwert der bestrichenen Tiefe anzeigen und daß die Messung fließenden Wassers nach diesen Verfahren hinsichtlich der Genauigkeit versagt, wenn es sich nicht um profilierte Meßstrecken, sondern um Meßstrecken mit selbst wechselnder Tiefe, also z. B. natürliche Flußläufe handelt. Hier ergeben die nach diesen Verfahren ermittelten Geschwindigkeitswerte nur mehr oder minder grobe Anhaltspunkte, je nach Unterteilung nach Breite und Tiefe sowie Zahl der Messungen, wobei natürlich dem Stabschwimmer vor dem Doppelkugelschwimmer und letzterem wieder der Vorzug vor dem Oberflächenschwimmer zu geben ist.

Der Vorteil all dieser Meßverfahren liegt daher für Messungen im natürlichen Flußgerinne mehr in der Einfachheit der technischen Mittel als in der Sicherheit der Methode. Auch ihre technische Handhabung ist trotz Einfachheit der Mittel nicht ohne Mühe, da sie in jedem Fall ausreichend Zeit und Personal voraussetzt. Augenblickswerte der mittleren Stromgeschwindigkeit, insbesondere Augenblicksbilder der gesamten momentan fließenden Strommenge können nach diesen Verfahren nicht gewonnen werden.

Zu den auf dem Prinzip der Geschwindigkeitsangleichung aufgebauten Meßverfahren muß auch die von Anderson 1906 erstmals angewandte Methode der Schirmmessung[1]) gerechnet und an dieser Stelle vorausgenommen werden. Durch die geeignete konstruktive Durchbildung des Schirmes, der beispielsweise zur Verringerung der Reibung und des Fahrtwiderstandes nach Vorschlag des Verfassers in der Versuchsanstalt der Technischen Hochschule München als Schwimmkörper mit Auftrieb ausgebildet ist, wie durch die genaue Nivellierung der Meßstrecke kann die auf die Schirmmessung aufgebaute Bestimmung der strömenden Wassermenge auf einen hohen Genauigkeitsgrad gebracht werden.

Meßversuche von vorbildlicher Genauigkeit, welche im Ablaufkanal bei Lonza a. d. Visp in den Jahren 1910/12 durchgeführt wurden[2]), haben als größte Differenz zwischen Flügel- und Schirmmessungen $\pm 1,1\,^0/_0$ ergeben. Mit dem Oberflächen- und Tiefenschwimmer teilt jedoch auch der Andersonsche Meßschirm den Nachteil, daß Augenblickswerte der Flüssigkeitsströmungen nicht gewonnen

---

[1]) K. Schmitthenner, Ein neues Wassermeßverfahren, Z. d. V. d. I. 1907, S. 627—631. La linile Blanche, 1907, S. 282. — Reichel, Wassermessungen in der Versuchsanstalt für Wassermotoren an der K. Techn. Hochschule, Berlin, Z. d. V. d. I. 1908, S. 1835—1841.

[2]) Lütschg, Vergleichsversuch mit Flügel- und Schirmapparat zur Bestimmung von Wassermengen, 1913.

werden können und daß eine ohne Unterbrechung fortlaufende und selbsttätige Registrierung der Wassermengen technisch nicht möglich ist. Praktisch hat der Andersonsche Meßschirm den Nachteil, daß die Anwendung des Meßverfahrens ein nach Breite und Höhe genau dimensioniertes Gerinne von nicht geringer Länge voraussetzt, über welchem die Schirmmessung genau horizontal und parallel montiert sein muß. Ferner daß die Handhabung des Schirmes beim Ein- und Austauchen gegenüber der Kraftwirkung des strömenden Wassers besondere Sicherheitsmaßnahmen (Unterbliebene Schirmversuche am staatl. Saalachkraftwerk) und in der Regel persönliche Beobachtung und Bedienung während des Versuches erfordert, wobei eine technische Automatisierung der Bedienung recht erhebliche Schwierigkeiten bereitet und nach Rümelin[1]) von bestimmten Geschwindigkeiten an infolge der bedeutenden Trägheitswirkungen überhaupt unmöglich wird.

Im Gegensatz zu den auf Angleichung der Wassergeschwindigkeit und der unmittelbaren Beobachtung aufgebauten Meßmethoden haben sich diejenigen Methoden der Wasserbestimmung, welche die Messung am gleichbleibenden Standort durch Geschwindigkeitsbestimmung vornehmen, wesentlich später entwickelt.

Man kann von diesen Meßarten unter sich drei Methoden unterscheiden:

Mechanische, durch Druck- und Stoßwirkung,

Mechanische, durch Schraubenwirkung,

Hydraulische, durch Saug- und Druckwirkung.

Die älteste der genannten Methoden ist auf dem Trägheitsprinzip des fließenden Wassers aufgebaut, wobei diese Trägheitswirkung rein mechanisch gemessen wird. — Unter den Meßinstrumenten, welche diesen Zwecken dienen, sollen aus historischem Interesse angeführt werden:

Das hydrometrische Strauberrädchen, eine Art Vorläufer des Woltmannschen Flügels, welches Leupold in Theatrum machinarum generale, Leipzig 1727, erstmals beschreibt und welches nach Brünings[2]) von den Ingenieuren Moratori, Genetti und Michelotti vielfach Verwendung fand. Dieses Instrument, besitzt ein in Zapfen laufendes kleines Wasserrädchen, welches gegen die Oberfläche des zu messenden Flüssigkeitsstromes gehalten wird und bei welchem die Zahl der Umdrehungen in ebenso origineller wie einfacher Weise durch die Zahl der Windungen eines dünnen Fadens gemessen wird,

---

[1]) Rümelin, Wasserkraftanlagen, Bd. III, Verlag Göschen, 1919, S. 87.
[2]) Brünings, Abhandlung über die Geschwindigkeit des fließenden Wassers, S. 86.

welcher auf der Welle des Rädchens innerhalb einer bestimmten Zeit aufgewickelt wird.

Das hydrometrische Pendel oder der Stromquadrant, ein Instrument, bei welchem eine am Faden aufgehängte Kugel dem Stoß des strömenden Wassers ausgesetzt wird, wobei aus dem Ablenkungswinkel von der Vertikalen auf die betreffende Stromgeschwindigkeit geschlossen wird[1]). Mit diesem Instrument haben die italienischen Forscher Guglielmini, Grandi und Michelotti ihre Geschwindigkeitsmessungen im 17. und 18. Jahrhundert ausgeführt. Diese Instrumente dienten indes **nur zur Bestimmung der Oberflächengeschwindigkeit. Für die Tiefengeschwindigkeits-Messungen** wurde 1771 durch Michelotti eine Art Schnellwage gebaut, bei welcher das fließende Wasser gegen eine ebene eingetauchte Platte stößt, die an einer außerhalb des Wassers pendelnd aufgehängten Stange befestigt ist. Die Pendelung derselben wurde durch Gewichtswirkung an einem wagerechten Hebel kompensiert und daraus ein Maß für die Geschwindigkeit des strömenden Wassers gewonnen.

Auf ähnlicher Grundlage baute sich auch der **Wasserhebel des Lorgna**[2]) auf, bei welchem im wesentlichen die Michelottische Platte durch eine hohle Halbkugel ersetzt ist, von der ein über Rollen laufender Schnurzug zu dem Meßhebel mit den Ausgleichsgewichten führt[3]).

Das von **Brünings**[4]) 1789 bei dessen Strommessungen in Holland angewandte **Tachometer** bestand aus einer in ihrer Tiefenlage verstellbaren Stoßplatte, welche die Reaktion auf einen über Rollen geführten Schnürzug überträgt, der auf einen drehbaren, jedoch unverschieblichen Doppelhebel wirkt, der durch Gewichtsauflage gegenüber der Wasserwirkung in seine Mittellage gebracht wird und als eine Kombination der Michelottischen Stoßplatte mit dem Wasserhebel des Lorgna betrachtet werden kann, bei welcher im Gegensatz zu den vorgenannten Methoden eine Verstellung der Tiefenmessung ohne Herausnahme der eigentlichen Meßeinrichtung möglich war.

Das Prinzip des hydrometrischen Pendels ist für Tiefenmessungen im Arno 1730 von dem damals berühmten Hydrauliker

---

[1]) **Gerstner,** Handbuch der Mechanik, Bd. II. — **Venturoli,** Elementi di meccanica e d' hidraulica.

[2]) **Lorgna,** Memorio interno al' acque correnti, Verona 1777.

[3]) Siehe auch Taf. 7, Fig. 7. Nuova Raccoltà d' autori italiani, Bd. II, Bologna 1824 und **Masetti,** (Dissertation) Descrizione di tutti i tachimetri idraulics, daselbst S. 449 ff.

[4]) **Brünings,** Abhandlung über das fließende Wasser, S. 110. — **Woltmann,** Vorträge zur hydraul. Architektur, Bd. III, S. 347.

Ximenes[1]) angewandt worden. Bei diesem Apparat stößt das fließende Wasser auf eine als Steuerruder wirkende Fahne, welche quer zur Stromrichtung eingesetzt und durch die Stoßkraft des Wassers gegen Feder- oder Gewichtswirkung seitlich verdreht wird. Das Maß der Verdrehung bildet in diesem Fall ein Maß der Stromgeschwindigkeit bei konstanter Feder- oder Gewichtsbelastung; umgekehrt kann bei Einhaltung des rechten Winkels, mit anderen Worten also bei Konstanz der Querstellung, die Federspannung bzw. die Gewichtsauflage als Maß der Geschwindigkeit dienen.

Alle die vorgenannten Apparate leiden unter dem Nachteil, daß einerseits die Platte und die Hebellagerungen zu wesentlichen und vor allem wechselnden Reibungen von nicht feststellbarer Größe und demnach zu steten Schwankungen Anlaß geben, denen zufolge die Geschwindigkeit nur innerhalb geringer Genauigkeitsgrenzen ermittelt werden kann, und daß andererseits nur die Messung von Einzelpunkten des Meßprofiles möglich, somit für die Gesamtmessung ein erheblicher Zeitaufwand zu rechnen ist, währenddessen sich der Fließzustand des zu messenden Flüssigkeitsstromes vielfach ändern kann. Das durch die Pulsation des Wassers und beim Einbringen des Apparates in den Flüssigkeitsstrom unvermeidliche Flattern und Schlagen über und unter den abzulesenden Meßwert benötigt große Geduld des Ablesenden oder besondere Mittel zur Dämpfung, die ebenfalls auf die Messung ungünstig einwirken.

Messungen solcher Art wurden von Bánki[2]) beschrieben, welcher kleine schwingende Kugeln bzw. schwingende Fahnen verwendet, deren Ausschläge auf Indikator-Trommeln registriert werden. Auch das von Camerer[3]) vorgeschlagene Rheometer ist zu diesen Instrumenten zu rechnen, dürfte jedoch der Methode Bánki's wesentlich unterlegen sein. Praktische Ergebnisse selbst liegen nicht vor.

Eine wesentliche Verbesserung bezüglich der durch die Reibungsverhältnisse bedingten Meßgenauigkeit bedeutet der hydrometrische Flügel. Das Prinzip dieses von Schober erdachten Apparates beruht bekanntlich darauf, daß bei einer in Wasser leicht beweglichen Schraubenfläche der Wasserweg für eine Umdrehung mit großer Genauigkeit der Ganghöhe der Schraube entspricht[4]). Der hydrometrische Flügel ist von Woltmann[5]) wahrscheinlich noch vor dem Jahre 1790 bei Geschwindigkeitsmessungen in der Elbe erstmals zur

---

[1]) Ximenes, Nuove sperienze idraulic., 1780. — Brünings, Abhandlung über die Geschwindigkeit des fließenden Wassers, S. 67, 69 u. 99.

[2]) Bánki, Z. d. V. d. I., 1913.

[3]) Camerer, Vorlesungen ü. Wasserkraftmaschinen, S. 80.

[4]) Camerer, a. a. O., S. 75.

[5]) Vielfach irrtümlich als Erfinder des hydrometrischen Flügels bezeichnet.

Anwendung gekommen und einem von Schober gebauten Anomometer nachgebildet[1]). Die als vervollkommnete Flügelmessung seither gebräuchlichen Methoden, an deren Entwicklung auch die bayerische Landesstelle für Gewässerkunde einen nicht unbeträchtlichen Anteil hat, sind hinreichend bekannt und in der Fachliteratur der letzten Dezennien ausführlich beschrieben[2]).

Der Genauigkeitsgrad der Flügelmessung ist bei peinlicher Eichung und sorgfältiger Handhabung des geeichten Flügels an sich ein recht hoher. Trotzdem ist die Bestimmung der Wassermenge im normalen Flußprofil wegen der Veränderlichkeit des Fließzustandes und wegen der Unsicherheit der Profilbestimmungen eine Sache, die auch nach den Erfahrungen der bayerischen Landesstelle für Gewässerkunde bei aller Sorgfalt keine größeren Genauigkeitsgrade als im Durchschnitt 3 bis 5 $^0/_0$ beanspruchen kann.

Das in Schiffahrtskreisen bekannte „Patentlog" ist ebenfalls als hydrometrischer Flügel anzusprechen, bei welchem die Oberflächengeschwindigkeit des relativ zum Logkörper bewegten Wassers mit der Schiffsgeschwindigkeit identisch gesetzt wird.

Eine in ihrem Wesen von den geschilderten Meßarten völlig anders geartete Methode ist die Messung der Einzelgeschwindigkeit mittels dynamometrischer Druckröhre. Die erste Ausführung einer solchen Druckröhre wurde 1730 durch Pitot[3]) der Pariser Akademie der Wissenschaften vorgeführt. Dieselbe bestand aus 2 unten offenen Glasröhren, von welchen die eine der beiden Glasröhren am unteren Ende rechtwinkelig umgebogen und zu einer entsprechend feinen trichterförmigen Spitze gestaltet war. Die Pitotschen Röhren wurden 1856 durch Darcy[4]) dahingehend verbessert, daß beide Röhren rechtwinkelig umgebogen wurden, wobei die eine Röhre der Stromrichtung entgegengesetzt, die andere aber mit der Stromrichtung läuft. Die Differenz der erzeugten Druckhöhen sowie der Genauigkeitsgrad der Messung wird dadurch erhöht. Die Messung selbst wird durch Hochsaugen der beiden Flüssigkeitsspiegel von der Höhenlage des Wasserspiegels unabhängig.

Der wesentliche hydraulische Vorteil der Pitotröhre gegenüber dem hydrometrischen Flügel besteht einerseits in der geringen Störung des zu messenden Wasserstromes, andererseits in der Mög-

---

[1]) **Woltmann**, Theorie und Gebrauch des hydrometrischen Flügels, Hamburg 1790.

[2]) **Rümelin**, Wasserkraftanlagen, Bd. III, Göschen, 1919, S. 82 ff. Abhandlung des ehemals Königl. Bayer. Hydrotechn. Bureaus: „Anleitung zur Ausführung und Ausarbeitung von Wassermessungen", 1916.

[3]) **Pitot**, Description d'une Machine pour mesures des eaux courants.

[4]) **Darcy**, Annales des Ponts et chaussées, Bd. 15, 1858.

lichkeit, die stets wechselnden Momentanwerte der Einzelgeschwindigkeit (Pulsationen) unmittelbar beobachten zu können, was bei dem hydrometrischen Flügel überhaupt nicht und bei den verschiedenen Arten der Rheometer nur bedingt möglich ist. Dieser Vorteil ist für wissenschaftliche Versuche gar nicht hoch genug einzuschätzen. Insbesondere dann, wenn es sich darum handelt, die Bewegungserscheinungen des Wassers in sich zu erforschen.

Für die, nach Vorschlägen des Verfassers, an der Versuchsanstalt der Technischen Hochschule gebauten Pitotröhren wurde ein wider Erwarten gesteigerter Effekt in der Ausbildung der Druckdifferenzen dadurch erreicht, daß 2 Röhren von je 4 mm Innendurchmesser zusammengelötet und mit 16 mm langen Schlitzen auf Vorderseite und Seitenwand versehen wurden (Abb. 7 und 8)[1]. Ein praktischer Nachteil der Pitotröhre ist dagegen insbesondere bei hochgesaugtem Wasserspiegel darin zu sehen, daß bereits kleine Undichtheiten das Meßresultat stark beeinträchtigen und daß bei engen Röhren häufig Luftblasen hängen bleiben, die ohne deren Beseitigung jede Messung unmöglich machen. Auch die Notwendigkeit, für eine rasche Tiefenverstellung der Pitotröhre bei gleichbleibender Ablesehöhe Schlauchmaterial aus Gummi zu benützen, dessen Beschaffung oftmals auf Schwierigkeiten stößt, spricht rein betriebsmäßig zu ungunsten dieser Meßmethode bei Ermittelung fließender Wassermengen.

Bedingung für die Messung mit Pitotröhren ist ebenso wie beim hydrometrischen Flügel deren Eichung, welche bekanntlich in der Weise erfolgt, daß man die zu eichenden Instrumente in der Meßrichtung zwangläufig mit einstellbaren bekannten und möglichst konstanten Geschwindigkeiten durch das ruhende Wasser bewegt und den erzielten Effekt (Schraubenumdrehung bzw. Druckdifferenz) zu der angewandten Geschwindigkeit geeignet in Bezug setzt.

Im Gegensatz zu den bisher behandelten praktisch ohne Gefällsstufen arbeitenden Verfahren zur Bestimmung der Wassermenge, welche die mittlere Wassergeschwindigkeit in einem Profil bekannten, möglichst konstanten Querschnittes aufsuchen, stehen die mit Gefällsstufen arbeitenden Methoden der Ausfluß-, Durchfluß- bzw. Überfallmessung, deren Eichung für Präzisionsmessungen in jedem Fall auf der Wägung oder der unmittelbaren volumetrischen Messung in Gefäßen beruht.

Alle Messungen der Wassermenge mittels Durchfluß aus Boden- und Seitenöffnungen gehören hierher Die Methode an sich ist sehr bequem, da man nach Eichung des Wasserzu- bzw. Durchflusses nur den Oberwasserspiegel des aus- bzw. durchfließenden Wassers

---

[1] Siehe Seite 33 u. 34.

zu beobachten hat, um bei stationärer Strömung und bei Konstanz des Meßprofiles aus dessen Höhenlage das Maß der Wassermenge zu erhalten. Diese Methode der Wassermessung hat trotz der Bequemlichkeit ihrer Handhabung erst im 19. Jahrhundert in der Technik allgemein Eingang gefunden. Man muß dabei streng genommen zwischen der Messung und der Eichung der Meßvorrichtung selbst unterscheiden. Das Prinzip der Stromzerteilung, welches für die Eichung zuerst durch Pressel angewandt wurde, soll in den Fällen der Messung von Großwassermengen eben nur der praktisch technischen Durchführung der Eichung selbst dienen und darf nicht, wie das Camerer[1]) ausführt, mit der eigentlichen Meßmethode selbst verwechselt werden. Diese Eichung der Partialwassermenge nach erfolgter Stromzerteilung erfolgt in der Regel durch direkte Messung der Spiegelflächen in Meßgefäßen oder durch direkte Wägung, in beiden Fällen unter gleichzeitiger Zeitbestimmung, sei es mit Stoppuhr, mittels Sekundenpendel oder sonstigen Vorrichtungen.

Diese Methoden der Wassermessung mit Gefällsaufwand lassen sich, rein äußerlich betrachtet, in folgende Fälle kurz zusammenfassen:

1. Ausfluß aus Mündung in Seitenwänden (Ponceletüberfall),
2. Ausfluß aus Mündungen in Bodenflächen,
3. Ausfluß durch Überfall in Seitenwänden.

Man könnte versucht sein, diese Fälle aus technischen Gründen in Messungen zu gruppieren, bei welchen der Aus- bzw. Durchflußquerschnitt unabhängig von der Druckhöhe konstant bleibt, und in Messungen, bei welchen der Querschnitt sich mit dem Spiegel des ausfließenden Wassers verändert, wenn nicht in beiden Fällen die Wassermenge lediglich als Funktion der Wasserspiegelhöhe erscheinen würde, deren Bemessung teils nach dem Schwerpunktsabstand der Austrittsfläche, teils gegen die tiefere Kante der Durchtrittsfläche erfolgt, an welcher der Strahl zum freien Abfluß bzw. Durchfluß kommt. Die Wahl der Bemessung hat auf den Bau der Formeln zur Ermittelung der Wassermenge naturgemäß entscheidenden Einfluß. Die frühesten Versuche, die in dieser Richtung bekannt sind, werden dem französischen Forscher Borda[2]) zugeschrieben. Ihm folgt eine Reihe von Forschern, so Michelotti[3]), Bossut[4]), Dubuat[5]). All diese Forscher erhielten zum Teil wesent-

---

[1]) Camerer, Vorlesungen über Wasserkraftmaschinen, 1914, S. 83 bis 85.

[2]) Borda, Mémoires de l'académie des Sciences, Paris 1766.

[3]) Michelotti, Sperimenti idraulici, Turin 1767; Mémoires de l'académie des sciences, Turin 1784/85.

[4]) Bossut, Traité élémentaire d'hydrodynamique, Paris 1772.

[5]) Dubuat, Principes d'hydraulique et d'hydrodynamique, Paris 1779.

lich voneinander abweichende Ausflußkoeffizienten, stellten aber übereinstimmend fest, daß sich die Ausflußkoeffizienten mit der Druckhöhe verändern und zwar abnehmen, wenn die Druckhöhen wachsen.
Diese prinzipiellen Fragen haben die nachfolgenden Forscher immer
wieder und wieder beschäftigt, so insbesondere Eytelwein[1]), der
jedoch infolge der Vernachlässigung der Zuflußgeschwindigkeit zu unstet
wechselnden Ausflußkoeffizienten kam, deren Gesetzmäßigkeit nicht
gefunden wurde. Weiterhin in gleicher Sache Venturi[2]) und Bidone[3]),
vor allem die französischen Forscher Poncelet[4]) und Lesbros[5]).

Die vorgenannten Versuche litten jedoch in ihrer praktischen
Anwendbarkeit unter dem Übelstande, daß mit Ausnahme der Eytelweinschen Versuche nur kleine Wassermengen bis etwa 60 Liter/sek
zur Messung herangezogen wurden. Trotzdem rang sich die damalige Forschung, wobei auch Castel[6]) und D'Aubuisson[7]) zu
nennen sind, mehr und mehr zur Erkenntnis durch, daß die Ausflußkoeffizienten nicht allein mit der Druckhöhe, sondern auch mit
der Form des Ausflusses, und zwar insbesondere beim Überfall mit
den Überfallbreiten wechseln und zwar in letzterem Fall in dem
Sinne, daß eine Zunahme des Ausflußkoeffizienten eintritt,
wenn die Überfallbreite sich verringert. Von weitgehendem
Einfluß, auf die Erkenntnis der Sachlage waren die Versuche von
Weisbach[8]), von Boilleau[9]) und insbesondere von Francis[10]),
welch letzterer die Messung der Wassermenge bereits auf über
2,00 cbm/sek ausgedehnt hat. Bei diesen Versuchen wurden die
Erscheinungen der vollkommenen und unvollkommenen Kontraktion,
insbesondere die Geschwindigkeitsverhältnisse, experimentell geklärt.
Die Versuche Weisbachs wurden durch dessen Schüler Bornemann[11]) erfolgreich weitergeführt. Einen Abschluß dieser Forschungsarbeiten bilden jedoch erst die Versuche von Frese[12]) und von
Hansen[13]) für Überfälle mit und ohne Seitenkontraktion, wobei
indes zuzugeben ist, daß auch an den Versuchen der letzteren For-

---

[1]) Eytelwein, Handbuch der festen Körper und der Hydraulik, 1805.
[2]) Venturi, Recherches expérimentales sur le princip de la communication la tirale du mouvement dans les fluis, Paris 1797.
[3]) Bidone, Mémoires de l'académie des sciences, Turin 1829 bis 1831.
[4]) Poncelet, Expériments hydrauliques, Paris 1823.
[5]) Lesbros, Expérimentes hydrauliques, Paris 1851.
[6]) Castel, Mémoires de l'académie des sciences, Toulouse 1836/37.
[7]) D'Aubuisson, Hydraulique, Paris 1840.
[8]) Weisbach, Ingenieurdynamik, 1846.
[9]) Boilleau, Traité de la mesure des eaux courantes, Paris 1855.
[10]) Francis, Lowell hydraulic expériments, Boston 1855, S. 70ff.
[11]) Zivilingenieur, Bd. 16, 17 u. 22 der Jahre 1870, 71 und 76.
[12]) Z. d. V. d. J. 1890.
[13]) Zivilingenieur 1892.

scher noch Differenzen zwischen 2 bis $6\,^0/_0$ zu beobachten sind, welche nach Camerer[1]) in der Verschiedenartigkeit der Versuchsanordnung begründet sind.

Zu den vorgenannten Methoden der Wassermengen mit Gefällsaufwand ist auch die Wassermengenbestimmung mittels Venturirohr zu rechnen. Die Methode selbst ist in Müllers Hydrometrie eingehend beschrieben. Die saugende Erscheinung der strömenden Wassermenge im engsten Querschnitt der Venturiröhre wurde von dem italienischen Forscher Venturi bereits 1797 erkannt und beschrieben. Sie jedoch mit Bewußtsein für die Wassermengen präzisiert und daraus die Methode der Wassermessung abgeleitet zu haben, die sich insbesondere in Amerika seit 1910 mehr und mehr eingebürgert hat, blieb dem verdienstvollen Forscher Herschel[2]) vorbehalten. Die Messung mit Pitotrohr hat für die Gesamtwassermessung in geschlossenen Leitungen bei geeigneter Ausbildung der Meßanzeige[3]) die gleichen Vorteile der Momentananzeige wie die Pitotröhre für die Einzelmeßstelle. Von wesentlichem Interesse ist dabei die Größe der durch das Venturirohr bedingten Gefällsverluste, welche durch die Form der Venturiröhre mitbedingt ist[4]). Über diese Energieverluste und die Energierückgewinne wurden im letzten Dezennium von bedeutenden Forschern, so von Fliegner und Gibson, wertvolle Versuche angestellt. In einem praktisch geprüften Venturirohr mit einem Verdrängungsverhältnis 1 : 9, welches bei einem Rohgefälle von 3,87 m 0,914 m³/sek Durchfluß besaß, gibt Müller in seiner Hydrometrie den Gefällsverlust zu 0,58 m an, dem in diesem Falle eine Leistungsminderung von rund $15\,^0/_0$ entspricht, ein Wert, der allerdings als ganz besonders hoch anzusprechen ist und dessen Nachprüfung vielleicht zweckmäßig wäre. Vorläufige Versuche der eigenen Versuchsanstalt mit den durch den Verfasser 1910 bis 1913 entworfenen und darnach gebauten Venturiröhren verschiedenen Durchmessers haben absolut und prozentual wesentlich geringere Gefällsverluste[5]) ergeben. Es ist klar, daß man für den praktischen Gebrauch von dem Einbau einer Meßvorrichtung dann Abstand nehmen wird, wenn sich wesent-

---

[1]) Camerer, a. a. O., S. 133.

[2]) Camerer, a. a. O., S. 114 bis 115.

[3]) Durch den Verfasser wurde bereits 1913 vorgeschlagen, die Druckmeßstellen durch einen federnden, in sich reibungslosen Membrankörper zu verbinden, dessen Momentanbewegung bei Änderung der fließenden Wassermengen zu Meßanzeigen dienen soll, und das Verfahren auch für physiologische Messungen im menschlichen Blutkreislauf nach einer Riva-Roci ähnlichen Methode zum Patent angemeldet.

[4]) Camerer, a. a. O., S. 114 bis 115.

[5]) Siehe auch „Hütte", 1911, Bd. I, S. 339.

liche Gefällsverluste und eine wesentliche Leistungsminderung dadurch
ergeben. In dieser Hinsicht ist bei dem Gebrauch des Venturi-
rohres einige Vorsicht geboten.

Gänzlich in Wesen und Wirkung von den bisher beschriebenen
Verfahren abweichend sind im letzten Jahrzehnt chemische oder
thermische Mischverfahren zur Anwendung gekommen, welche ihre
Anwendung den Forschern Mohr, Mollet und Pressel verdanken,
welch letzterer diese Methode gelegentlich der Quelleneinbrüche beim
Bau des Simplontunnels mit Erfolg angewandt hat. Über dem Emp-
findlichkeits- und Genauigkeitsgrad der letztgenannten Meßmethoden
finden sich in den „Mitteilungen der Abteilung für schweizerische Landeshydrographie" bemerkenswerte Angaben des Ingenieurs Lütschg,
wonach die Differenz der mittels Salzlösung gemessenen Wassermessung gegenüber der Flügelmessung relativ sehr günstige Werte
aufwies, da zwischen den Messungen mit Salzlösung und den Messungen
mit Flügel nur Differenzen von $\pm\,3\,^0/_0$ beobachtet wurden.

Über den Genauigkeitsgrad von Kleinwassermessungen bis zu
100 Liter/sek und von Mittelwassermengen bis 2 cbm/sek mittels
Seiten- und Bodenöffnungen und mittels Überfällen finden sich in
der Literatur nur vereinzelte Angaben. Von besonderem Interesse
sind in diesem Punkte die Veröffentlichungen von Rehbock[1]),
welcher die Versuche von Hansen, Frese und Bazin mit seinen
eigenen Versuchen vergleicht und auf Differenzen von über $6\,^0/_0$
kommt, die nach dem gleichen Verfasser[2]) bei Hansen durch einen
Meßfehler in der Bestimmung der Überfallhöhe erklärt werden,
während stichhaltige Erklärungen der Differenzen gegenüber Frese
und Bazin nicht enthalten sind. Nur für Kleinstwassermengen bis
zu 10 Lit/sek ist eine genügende Übereinstimmung der Koeffizienten
durch Weisbach, Hansen und andere Forscher ermittelt. Auch
auf die verdienstvollen neueren Arbeiten von Weyrauch[3]) und
Forchheimer[4]) muß an dieser Stelle hingewiesen werden.

Die Frage, ob und wie oft eine Zerteilung der zu eichenden
Wassermengen vorzusehen ist, sowie ob diese Eichung vor der
Überfall- bzw. vor der Durchflußöffnung oder hinter derselben statt-
findet, ist mehr zufälliger Art, da dieselbe einerseits von der Wasser-
menge und den vorhandenen Gefällsgrößen, andererseits von der
Versuchsaufstellung und -anordnung abhängig ist, welcher ein eigent-

---

[1]) Rehbock, Die Ausbildung der Überfälle beim Abfluß von Wasser,
Karlsruhe 1909.

[2]) Rehbock, Zeitschr. d. Verband. deutsch. Arch. u. Ing.-Vereine 1916,
S. 8 ff.

[3]) Weyrauch, Hydraulisches Rechnen, Stuttgart 1922.

[4]) Forchheimer, Hydraulik, Verlag Teubner, Leipzig 1914, S. 286 ff.

licher wissenschaftlicher Wert nur bedingt zukommt. Bekannt geworden sind in dieser Beziehung die durch Brauer[1]), Hansen, Pressel und Francis angewandten Methoden der Stromzerteilung durch Wägung, die jedoch in mehrfacher Weise variiert und kombiniert werden können, ohne auf das eigentliche Meßverfahren einzuwirken.

Zusammenfassend kann die Entwicklung der gebräuchlichen Wassermeßverfahren wie folgt skizziert werden:

Die ältesten Methoden der Wassermessung beziehen sich auf die Bestimmung der Oberflächengeschwindigkeit strömender Wasserläufe. Ihnen folgen die Methoden zur Bestimmung kleiner Wassermengen durch Ausflußöffnungen, die späterhin durch Bestimmung von Mittelwassermengen mittels Überfall erweitert wurden. Hand in Hand damit folgen die Bestrebungen, die Wassergeschwindigkeit einzelner Meßstellen für ein bestimmtes Profil durch mechanische und hydraulische Vorrichtungen der verschiedensten Art festzulegen. Das letzte Glied in dieser Kette bildet der hydrometrische Flügel und die Pitotröhre.

Erst in der fruchtbaren Zeit der modernen Technik treten neue Meßverfahren auf den Plan: Das Meßschirmverfahren in profiliertem Kanal, die Wassermessung mittels Venturirohr und die auf Mischung bzw. Lösung bezügliche Meßverfahren, die jedoch für die praktische Messung größerer Wassermengen in Flüssen bis jetzt keine eigentliche Bedeutung gewonnen haben.

Betrachtet man diese Reihe der Möglichkeiten einer Wassermessung unter dem Gesichtspunkt der fortlaufenden Registrierung der Wassermenge, so ergibt sich als gemeinsames Charakteristikum, daß die auf Messung der Druckhöhen aufgebauten und mit Gefällsverlust arbeitenden Methoden hierzu besonders geeignet sind. Ein treffendes Beispiel einer solch fortlaufenden Registrierung von Wassermengen bietet sich bei den Lonza-Werken in den Vergleichsversuchen für Flügel- und Schirmapparat zur Bestimmung von Wassermengen von Lütschg[2]). Die Veränderlichkeit der Überfallhöhe wurde von Lütschg mittels Schwimmer gemessen und registriert. Der auf diesem Prinzip aufgebaute Apparat wird als Limnograph (Grenzschreiber) bezeichnet. Nach diesem Limnographen ergab sich innerhalb der für die Flügelkontrollmessung erforderlichen Meßzeit eine mittlere Wassermenge von 1,02 cbm/sek (gerechnet nach der Formel von Frese), die zwischen den Werten 1,02 und 1,00 cbm/sek

---

[1]) Brauer, Z. d. V. d. I. 1892, S. 1492.
[2]) Lütschg, Messung der Abflußmengen des Elektrizitätswerkes Lonza & Ackersand bei Visp, 1. 8. 1912, Tafel 7.

innerhalb der Meßzeit schwankt. Der durch Schirmkontrollmessung festgelegte Wert der Wassermenge betrug 1,052 cbm/sek (Vers. 1.8.1912). Die durch Wellenbewegung des Schwimmers bzw. durch Pulsation der Wasserströmung bedingte Schwankung um den Mittelwert beträgt nach dem Diagramm $\pm$ 0,02 cbm/sek ($\pm$ 2 $^0/_0$), was darauf hinweist, daß sich die bei der Überfallmessung durch Schwimmer mittels Schnur- und Gegengewicht erhaltenen Überfallbilder zur Registrierung der Wassermenge durchaus eignen. Der durch die Überfallmessung bedingte Gefällverlust beträgt für den angewandten Überfall allerdings rund 1,5 m. Um diesen Betrag mußte zugunsten der Messung das nutzbare Gefälle und die Leistung der Lonza-Werke verringert werden, ein Betrag, der allerdings gegenüber dem verfügbaren Bruttogefälle von 754 m, wie auch gegenüber dem Nutzgefälle von durchschnittlich 608 m in diesem Einzelfall nicht in Betracht kommt. (0,22 $^0/_0$ Gefälls- bzw. Leistungsverlust durch Messung.)

Eine durchaus eigenartige Methode der zeitlichen Registrierung ist das in Müllers Hydrometrie[1]) wiedergegebene Pitotmeter von Cole, welches die Druckdifferenz einer Doppelpitotröhre und ihre zeitlichen Änderungen auf mechanisch-photographischem Wege fortlaufend wiedergibt. Die Genauigkeit der registrierenden Wassermengenbestimmungen dieser Methode soll bei Messungen in Rohrleitungen 2—3 $^0/_0$ betragen, solange die Wassergeschwindigkeit größer als 0,3 m/sek ist. Der Nachteil der Methode besteht darin, daß nur ein Punkt des Profils bezüglich der Wassergeschwindigkeit gemessen wird, so daß die Gesamtwassermenge auf die Geschwindigkeit dieses Punktes zu beziehen ist, ein Umstand, der den angegebenen Genauigkeitsgrad sogar zweifelhaft erscheinen läßt.

2. Prinzip des neuen Meßverfahrens.
Konstruktiver Entwurf.

Eichung.

Die Forderung neuzeitlicher Wassermessung ist die fortlaufende Registrierung des Wassers nach Zeit und Menge mit einem Maximum der Meßgenauigkeit, jedoch wenn irgend möglich ohne Aufwand von Gefälle bzw. Leistung und ohne persönliche Handhabung. Da sich aus wirtschaftlichen Gründen eine fortlaufende Wassermengenbestimmung, die dauernd einen Gefälls- und damit

---

[1]) Müller, Hydrometrie, S. 142.
[2]) D. R. P. 329144 v. 8. Aug. 1918.

einen auf die Leistung wirkenden Verlust von fühlbarer Größe zur Folge haben müßte, in sich verbietet, trägt die vom Verfasser für die Praxis vorgeschlagene Methode von vornherein diesem Gedanken Rechnung. Der Gefällsaufwand, welcher im offenen Gerinne für die Messung in Kauf zu nehmen ist, beträgt je nach der konstruktiven Durchbildung des Meßprinzips nur Bruchteile von Zentimetern. Das Meßprinzip selbst besteht darin, daß ein in einem gewählten Profil gleichartig verteiltes System von Widerstandskörpern (Pfählen, Rechenstäben, Stangen, Schwimmern u. dgl.) Stoß- und Schleppkräfte durch das strömende Wasser aufzunehmen hat, deren Gesamtwirkung dadurch ersichtlich und fortlaufend registriert wird, daß man das System der Widerstandskörper in dem durch dasselbe hindurchtretenden Wasserstrom drehbar oder verschiebbar anordnet und die Dreh- bzw. Schubbewegung zur Registrierung benutzt.

Für den ersten Entwurf diente ein aus Holzstäben gefertigter einfacher Rechen mit scharfen Kanten, der vorher der Bestimmung der Gefällsverluste während der Praktikumsversuche der Studierenden für das Sommersemester 1917 diente und auf Ersuchen durch den Vorstand des Institutes für die Versuche zur Verfügung gestellt wurde. Derselbe wurde zur Durchführung der eigentlichen Meßversuche auf seiner Unterseite mit zwei Schneiden sowie mit Pendelgewichten versehen, so daß er, im Luftraum aufgestellt, seine vertikale Lage entsprechend seinem unterhalb der Schneiden befindlichen Schwerpunkt selbsttätig einnahm. Die Pendelgewichte bildeten dabei gleichzeitig einen Ausgleich gegen den Auftrieb, den die Holzstäbe mit steigendem Wasserspiegel erfahren.

Die Pendelung des so entstehenden Meßgerätes kann durch Härtung der Schneiden sowie Aufsetzen derselben auf gehärtete Flächen außerordentlich empfindlich gemacht werden. Das Meßgerät, welches gemäß der Festlage seines Drehpunktes im Gegensatz zum Andersonschen Laufmeßschirm von dem Verfasser zunächst als Pendelmeßschirm angesprochen wurde[1]), kippt schon bei außerordentlich geringen Zugkräften aus seiner Vertikallage. Es wurde festgestellt, daß der volle Hub der Meßbewegung (ca. 60 mm ab Vertikallage, gemessen am Hebelarm von 1830 mm Länge) mit nur 20 Gramm erzielt wird, wenn das Meßgerät — bei tiefster Schwerpunktslage — sich in Luft befindet. In allen anderen Schwerpunktslagen, d. i. bei steigenden Wasserspiegellagen ist die erforderliche Kräftewirkung entsprechend geringer. Man hätte aus dem Grunde vielleicht davon absehen können, für die Messung die strenge Bedingung der Vertikallage

---

[1]) Camerer hat für das Meßgerät die kennzeichnende Bezeichnung „Meßgitter" vorgeschlagen.

vorauszusetzen. Wenn dies trotzdem geschehen ist, so lag die Absicht zugrunde, auch für kleine Wassermengen exakte Werte zu bekommen, da man annehmen mußte, daß den Kleinst- und Kleinwassermengen nur geringe Kräftewirkungen entsprechen würden. Diese Annahme hat sich durch den Versuch auch durchaus bestätigt.

Die konstruktive Durchbildung des Meßgerätes bei der dem Versuch zugrunde liegenden Form ist aus der Gesamtzeichnung, Tafel I [1]), zu entnehmen. Man sieht aus derselben, wie sich das eigentliche Meßgitter a mit den Schneiden b auf die Schneidenplatte c abstützt, die ihrerseits in dem festen Meßrahmen d befestigt ist. Die grobe Mittellage (Vertikallage) des Meßgitters kann durch die Gewichtsplatten e erzielt werden, die Feineinstellung der Vertikallage erfolgt durch das Laufgewicht f am Hebelarm g. Das Meßgitter selbst besteht aus 30 Holzstäben von je 1340 mm Länge, 48 mm Breite und 14 mm Dicke. Der Abstand zwischen den Stäben beträgt 28 mm. Er wird durch Querstücke und Verschraubung gewährleistet. Letztere darf mit Rücksicht auf das im Wasser quellende Holzmaterial nur mäßig angezogen werden, wenn im Dauerbetrieb eine Deformation des Meßgitters vermieden werden soll. Am Oberteil des Meßgitters befindet sich das zur Kraftmessung dienende Hebelstück h. Der zu messende Flüssigkeitsstrom tritt frei zwischen den Meßstäben hindurch und sucht beim Durchströmen das Meßgitter um die Schneidenspitzen zu kippen. Bei den Vorversuchen wurde die Kippung unmittelbar durch zwei kleine Federwagen von je 12 kg Zugkraft aufgenommen und mit einer nach Frese berechneten Überfallmessung folgendes Kräftebild erzielt:

Wassermenge	100	200	300	400	500	600 l/sek
Federkraft	0,7	1,0	3,9	6,0	8,6	11,3 kg

Diese Messungen waren jedoch einerseits durch starke Schwingungen erschwert, welche von der Pulsation des durchströmenden Wassers herrührten, andererseits war auch der Ausgleich des Auftriebes durch Gewichtswirkung in höheren Wasserspiegellagen nicht genügend. Überdies erfolgte bei steigenden Wassermengen die Messung nicht in der Mittellage des Meßgitters. Die angegebenen Versuchsergebnisse können daher nur als vorläufige angesprochen werden, insbesondere auch deshalb, weil das in starker Wallung und ¡Wirbelung befindliche Wasser ohne jede Beruhigung und Dämpfung dem Meßgitter zuströmte und dasselbe mehr stoßweise bewegte.

Der Hebelarm der Federmesser vom Drehpunkt aus betrug für diese Versuche 948 mm im Gegensatz zu den späteren Versuchen, für welche der Hebelarm aus Gründen der Ablesung auf 1830 mm vergrößert wurde.

Um zu sicheren Meßresultaten zu kommen, wurde der Versuchs-
apparat weiter ausgebaut. Einmal durch Anbringung einer Dämpfung
mit möglichst geringer Eigenreibung, um einerseits die Empfindlichkeit der Messung nicht zu beeinträchtigen, andererseits jedoch das
Maß der Pulsation in bestimmten Grenzen zu halten. Dann durch
eine Vorrichtung zur zwangläufigen Einstellung des Meßgitters in
die Vertikallage „Mittel- oder Meßlage" während der Kräfte-
messung. Letztere Vorrichtung bestand in einfachster Weise in einem
Hebel i, mit dem die durch die Gitterreaktion gespannten Federn
k^1) so bewegt werden können, daß die Meß- bzw. Mittellage in jedem
Fall erreicht und durch die Zeigerschwinge 1 angezeigt wird. — Die
Anzeige der Reaktion ist durch Drehung einer mit dem Hebelwerk
i und dem Zeigerwerk z verbundenen Kreisscheibe m mittels Schnurzug n gewährleistet. Zur Vermeidung toten Ganges in der Meßbewegung ist der über Rollen geführte Schnurzug mittels Wagschale
p und Gegengewicht vorgespannt. Durch Auflage entsprechender
Gewichte auf die Wagschale unter gleichzeitiger Einstellung zw.
Zurückziehung des Meßgitters in die Mittellage wurde das ganze
System in Luft wiederholt geeicht. Dabei wurde zunächst angenommen, daß ein Gesetz $Q = \text{const} \cdot P^2$ praktisch erfüllt sein würde und
die Zeigerbewegung von einer besonderen Kurvenscheibe m abgeleitet,
welche diesem Gesetz von vornherein in der Weise Rechnung trug,
daß einer linearen Bewegung des Hebels entsprechend einer konstant
zunehmenden Federkraft keine lineare Zeigerbewegung, sondern eine
Zeigerbewegung entsprochen hat, welche mit dem Gesetz $Q = \text{const} \cdot P^2$
übereinstimmte. Es sollten auf diese Weise den linearen Änderungen
der Wassermenge lineare Änderungen der Meßanzeige entsprechen.
Die Kurvenscheibe wurde, als sich die Gültigkeit der vorstehenden
Annahme als nicht genügend herausstellte, späterhin durch eine
Kreisscheibe ersetzt.

Zieht man das Meßgitter, welches, wie aus der Zeichnung ersichtlich, zwischen zwei Anschlägen r pendeln kann, von vornherein
auf den vorderen Anschlag, so daß es durch die Wirkung einer zunehmenden Wassermenge mehr und mehr gegen den rückwärtigen
Anschlag gedrückt wird, so ergibt sich die Möglichkeit, die Bewegung
des freien Federbügels s zeitlich aufzuzeichnen. Die Lage, in
welcher diese Registrierung der Federbewegung und damit nach
Eichung der Wassermenge als Funktion der Federkraft der Meßstab
für erstere und deren Registrierung sich ergibt, wird als „Registrierlage" bezeichnet. Sie ist, kurz gesagt, identisch mit der „Null-Lage"

---

¹) Für verschiedene Wassermengen von 0—1,500 l/sek sind in einem
und demselben Meßgitter 3 Federn pro verschiedener Größe vorgesehen.

bzw. der Schräg- oder Anschlaglage des Meßgitters bei ruhendem Wasser.

Zur Minderung der Pulsation wurde außerdem vor dem Meßgitter eine Beruhigungswand eingebaut, deren Fläche den Wasserdurchtritt auf ein Drittel des gesamten Querschnittes verengte. Durch dieselbe wurde die Größe der Pulsation bereits etwas vermindert. Eine weitere wirksame Dämpfung wurde durch eine pendelnde Schwinge von erheblicher Trägheit gegenüber Verdrehung (großer Schwingungsdauer) gewährleistet, die an beiden Enden durch Gewichte beschwert war und durch einen am Meßgitter angebrachten Mitnehmerstift bewegt wurde. Die Schwinge selbst ist an vier dünnen Drähten genau lotrecht über ihrem festen Drehpunkt aufgehängt und auf diese Weise um denselben nahezu reibungslos beweglich. Der Drehpunkt der pendelnden Schwinge befindet sich in dem festen Zapfen t. Durch die Schwinge wird gleichzeitig die Einstellgenauigkeit der Meß- bzw. Mittellage entsprechend dem Verhältnis des Stiftenabstandes zur Länge der Schwinge verzehnfacht, wenn die Ablesung nnd die Einstellung der „Meßlage" am Schwingenende erfolgt.

Die durch die Reibung der Ruhe verursachte Verkleinerung der Eichempfindlichkeit durch den Einbau der Dämpfungsschwinge ist außerordentlich gering. Für den Ausschlag des in Luft schwingenden Meßgitters von der Mittellage bis zum vorderen Anschlag steigt die Reaktion von 20 g auf 26 g, letzterer Wert gemessen als Reaktion des Meßgitters mit Dämpfungsschwinge. Bei der Messung selbst sinkt jedoch durch das stetige Pulsieren des Wassers und die dadurch bedingte Vibration des Meßsystems diese Reaktion auf einen Teilbetrag, so daß auch bei kleinen Kräften mit einer erheblichen Meßempfindlichkeit gerechnet werden hann. Dies kommt auch in der Versuchsserie selbst durch das Zusammenfallen der Kontrollpunkte bei Versuchswiederholung zum Ausdruck. Folgende Tabelle gibt ein Beispiel von acht unabhängig voneinander eingestellten Kräftereaktionen bei einer ungefähr konstanten Wassermenge von 270 Liter in der Sekunde (Protokoll des Praktikumsversuches vom 7. 8. 1919) und bei konstanter Stauhöhe vor dem Meßgitter.

Tabelle.

Versuchs-Nr.	871	872	873	874	875	876	Dim.
Kraft P	1240	1220	1220	1225	1230	1228	g
dP	$-0{,}012$	$-0{,}008$	$-0{,}008$	$-0{,}003$	$-0{,}002$	$0{,}002$	kg
$\sqrt{P}$	1,113	1,104	1,104	1,106	1,109	1,108	$\mathrm{kg}^{\frac{1}{2}}$
$Q^{1)}$	271,0	269,0	269,0	269,4	270,2	270,0	l/sek
dQ	$+1{,}0$	$-1{,}0$	$-1{,}0$	$-0{,}6$	$+0{,}2$	$+0{,}2$	l/sek

[1]) Gerechnet in erster Annäherung nach dem Gesetz $Q = \mathrm{const}\,\sqrt{P}$.

Das arithmetische Mittel aller Kräfteabweichungen gegenüber dem Mittelwert von 1228 g ergibt $\pm$ 5 : 1228, entsprechend $\pm$ 4,06 $^0/_{00}$, das arithmetische Mittel aller Wasserabweichungen $\pm$ 0,55 : 270 $=$ $\pm$ 2,04 $^0/_{00}$.

Es ergibt sich somit eine Meßempfindlichkeit bei $Q = 270$ Liter in der Sekunde, welche etwas größer als 2 $^0/_{00}$ ist, ein experimentelles

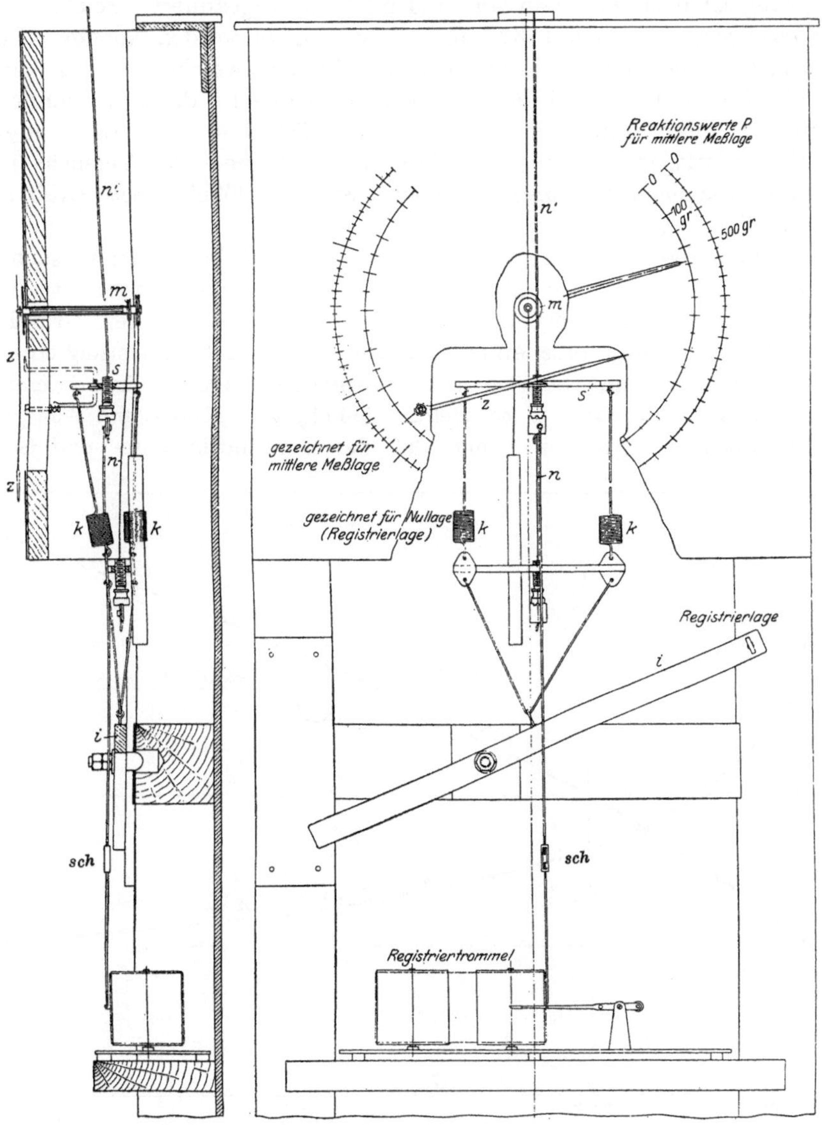

Abb. 1. Registrierapparat für Poebing-Meßgitter.

2*

Ergebnis, welches für die Wassermessung als solche von Bedeutung sein dürfte.

Für die Registrierung wurde die Schreibtrommel eines für Kriegsflugzeuge bestimmten Barographen (Fabrikat Adlershof-Berlin) verwendet. Dabei wurde die Papiergeschwindigkeit der Schreibtrommel durch entsprechende Änderung des Räderwerkes von ursprünglich 0,635 mm/min auf 5,71 mm/min abgeändert, welche für Spezialversuche bis auf 37,5 mm/sek gesteigert werden konnte. Die Registrierung erfolgte durch eine Schreibfeder, welche, wie aus der Tafel I u. Abb. 1 ersichtlich, mit dem Federbügel s direkt verbunden und in ihrer Höhenlage gegenüber der Trommel (Null-Lage oder „Registrierlage" bei ruhendem Wasser vor Beginn des Versuchs in Nähe Trommelrand) durch ein kleines Spannschlößchen sch (Abb. 1) einstellbar ist.

Von wesentlicher Bedeutung für die Durchführung der Versuche wie für die Bedeutung der daraus gewonnenen Ergebnisse ist die Eichung der gesamten Meßvorrichtung. Aus diesem Grunde dürfte es angezeigt erscheinen, der Eichung der Meßvorrichtung einen breiteren Platz im Rahmen der vorliegenden Arbeit einzuräumen. Gerade in der Praxis ist es vielfach üblich, von Kraft- und Wassermessungen zu sprechen, ohne daß der Empfindlichkeits- und Ge-

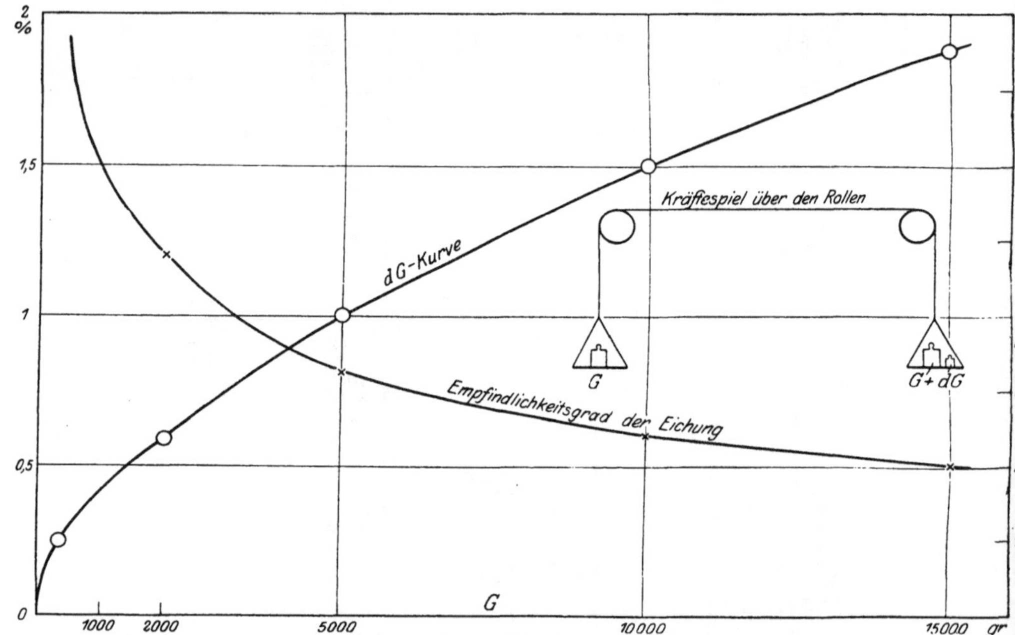

Abb. 2. Meßgitter-Eichung. Bestimmung des Empfindlichkeitsgrades der Eichung.

nauigkeitsgrad der zur Messung benutzten Instrumente und Methoden hinreichend bekannt und geprüft ist. Es handelt sich dabei

1. um die Eichung des Kräftespieles der Federung,
2. um die Eichung der durchströmenden Wassermenge.

Das Anzeige- und Kräftespiel der Meßvorrichtung ist aus Zeichnung Tafel I, Abb. 1 und Diagramm Abb. 2 ersichtlich. Durch Einlage von Gewichten von 50 g bis 30 kg in die Wagschale wurde das Meßgitter jeweils aus seiner Mittellage gebracht und in diese Lage durch den Hebel i (Tafel I u. Abb. 2) unter entsprechender Spannung der Feder k (s. Tafel I u. Abb. 1) zurückgezogen ("Meßlage"). Die auf der Meßscheibe erreichte Lage des Zeigers wurde durch Eintragung des aufgelegten Gewichtes vermerkt. Das Uhrzeigerwerk selbst gibt nur gültige Werte, wenn die Null-Lage ("Registrierlage") eingestellt ist. Da die in dem Zeigerwerk vorhandene Eigenreibung, ebenso wie die Reibung des Meßgitters und der Pendelschwinge zu kleinen Fehler Anlaß gab, wurden bei der Eichung alle Messungen nach 2 Bewegungsrichtungen wiederholt und durch Bildung der Mittelwerte diese Fehler beseitigt. Für Ausschaltung des toten Ganges hat sich die Verspannung der gesamten Meßeinrichtung und die Einlage eines bestimmten Spanngewichtes für jede Feder als vorteilhaft erwiesen. Eine anfänglich infolge der Zapfenreibung der Rollen vorhandene störende Unempfindlichkeit der Messung konnte durch Einbau von Doppelkugellagern unter entsprechender Vergrößerung des Rollendurchmessers in genügender Weise beseitigt werden. Der erzielte Empfindlichkeitsgrad der Eichung ist aus dem Diagramm (Abb. 2) ersichtlich, in welchem das aus dem Zustand der Ruhe eine Bewegung erzielende Übergewicht als Funktion des Eichgewichtes aufgetragen ist. Für die vibrierende Bewegung des Systems haben sich naturgemäß noch günstigere Werte ergeben, wie ja auch durch das angeführte Versuchsbeispiel bestätigt wird. Nach dem Diagramm (Abb. 2) würde bei 1230 g Eichgewicht eine Empfindlichkeit der Messung $= 1,4\,^0/_0$ zu erwarten sein; tatsächlich hat die mittlere Empfindlichkeit der Kraftmessung nach dem angeführten Versuch vom 7. 8. 1919 nur $4,06\,^0/_{00}$ betragen.

Während die Eichung des Kräftespieles keine wesentlichen Schwierigkeiten in sich schließt, verlangt die Eichung der Wassermengen außerordentlich weitgehende Vorbereitungen und weitgehendste Sicherungsmaßnahmen. Es darf ausgesprochen werden, daß eine einwandfreie Eichung der Wassermessung nur auf direkter Wägung aufzubauen ist. Nun ist aber die Wägung von so großen Wassermengen, wie sie den Versuchen zugrunde liegen, an sich keine einfache Sache. Sie gelang nach dem von Pressel 1894 erstmalig angewandten Verfahren der Teilung, für welches die vor-

bereitenden konstruktiven und baulichen Maßnahmen durch den Verfasser schon bei der Projektierung der zugehörigen Teile der Versuchsanstalt 1911 getroffen worden waren. In dem vorliegenden Fall
konnten zu dem Zweck die dem Versuch zugrundeliegenden Wassermengen durch 34 Einzeldüsen von je 80 mm Durchmesser zum Abfluß gebracht werden. Die Zeichnung (Abb. 3) zeigt den Querschnitt
der Düse und das Bild der Strahlablösung am Austritt aus der Düse,
der mit der Oberkante der Düse identisch zu setzen ist. Die Druck-

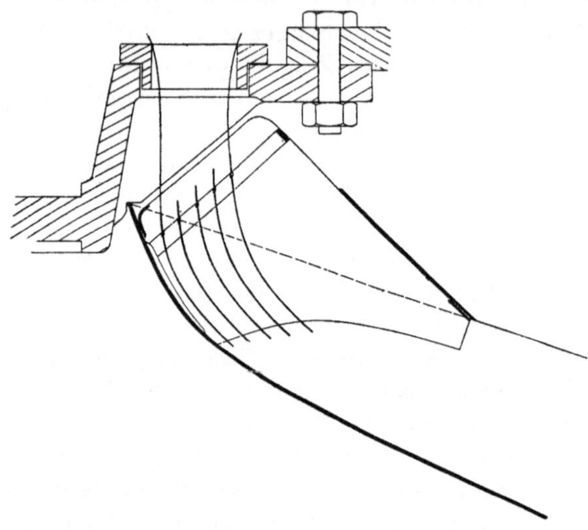

Abb. 3. Fangarm mit Strahlablenker und Spritzgefäß zur Düseneichung.

höhe über der Düse konnte bis zu 2,3 m betragen; im allgemeinen
schwankte die Druckhöhe über der Düse bei den einzelnen Versuchen
zwischen 1 bis 2 m, wie aus der Zusammenstellung der Düseneichung
ohne weiteres ersichtlich ist. Während der Versuche selbst wurde
zur Erzielung eines stationären Fließzustandes die Druckhöhe nach
Möglichkeit konstant gehalten. Jeder Einzeldüse entsprach eine
charakteristische Durchflußmenge bei 1 m Druckhöhe über Oberkante-
Düse, die je nach den Zufälligkeiten der Bearbeitung und des mit
Chromol ausgeführten Rostschutzanstriches schwankte. Die mittlere
Austrittsgeschwindigkeit des Wassers aus der Düse betrug entsprechend
der beim Versuch vorhandenen Druckhöhen bei einer Strahlkontraktion von durchschnittlich $60\,^0/_0$ zwischen 4 bis 6 m in der
Sekunde.

Die ungestörte Ableitung des Wassers aus den einzelnen Düsen
vermittels des beweglichen Schwenkarmes v_1 zur festen Wagrinne w
und von dort in die Wage x bzw. in den Unterkeller bereitete nicht

geringe Schwierigkeiten, die vor allem in der Umlenkung des Wassers begründet liegen. Die Zeichnung (Tafel I) zeigt die allgemeine Anordnung der Düseneichung, die Zeichnung (Abb. 3) die Art der Umlenkung mit Strahlzerteilung durch vier Umlenkungsflächen, welche erst nach langwierigen Vorversuchen gefunden wurde: Erst durch die fünffache Strahlzerteilung gelang es, die Düsenwassermenge auch bei der höchsten für den Versuch in Frage kommenden Druckhöhe ohne Verlust durch Spritzwasser in die Wagrinne w überzuführen. Abb. 4 zeigt analog den Schwenkbecher, welcher das Wasser entweder in das auf der Wage befindliche Meßgefäß oder in den Unterkeller abführt. Auch für diese Umlenkung wurden die aus der Abb. 4 ersichtlichen 3 Umlenkungsflächen erst versuchsmäßig gefunden.

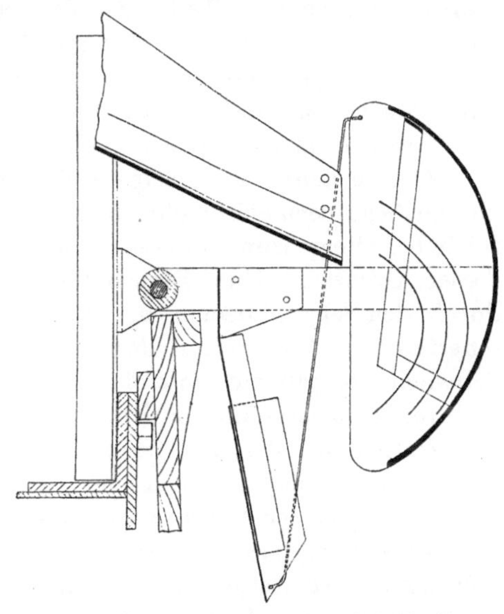

Abb. 4. Schwenkbecher mit Leitblech zur Umführung des Wassers in den Unterkeller.

Die Wage selbst wurde bezüglich des Empfindlichkeitsgrades und der Waggenauigkeit auf das peinlichste geprüft und dabei folgende Ergebnisse gewonnen.

Tabelle 1.

Aufgelegte Gewichte	300,4	600,8	901,2	1201,6	1494,45 kg
Gewogener Mittelwert . . .	300,4	600,8	900,9	1200,7	1493,2 „
Differenz zwischen Auflage u. Wägung	0	0	+0,3	+0,9	+1,2 „
Fehlbetrag in $^0/_{00}$	0	0	+0,333	+0,75	+0,8 $^0/_{00}$

Dabei wurde als konstruktive Eigentümlichkeit der Wage festgestellt, daß ein Abheben des vollen Meßgefäßes von den Wagschneiden nicht zulässig ist, da auf diese Weise beim Wiederaufsetzen die Schneiden nicht mit Sicherheit in ihre alte Lage zurückkommen und das Hebelverhältnis der Dezimalwage nicht unbeträchtlich abgeändert wird, je nachdem die Schneiden in ihren Pfannen zu liegen kommen. Wie aus der Tabelle 1 ersichtlich ist, ist der Genauigkeitsgrad der Wägung ein außerordentlich hoher. In ebenso befriedigender Weise konnte der Empfindlichkeitsgrad der Wägung festgestellt werden, der in jedem Fall größer als $0,1\,^0/_{00}$ ist. Es darf daher nach Vornahme der Korrektur der ermittelten Wagfehler mit Sicherheit gerechnet werden, daß die Wägung selbst keinen größeren Fehler als $0,1\,^0/_0$ enthält. Eine unmittelbare Kontrolle der Wägung wurde während eines Teiles des Versuches in der Weise vorgenommen, daß jeweils das leere und das mit Wasser bis zum Überlauf gefüllte Meßgefäß ausgewogen wurde. In der Konstanz der erhaltenen Werte liegt eine Gewähr dafür, daß das Hebelverhältnis der Wage während der Versuche in sich gleich geblieben ist.

Das technisch schwierigste Moment in der Eichung der Wassermenge liegt demnach nicht in der Wägung an sich, sondern in der zeitlichen Begrenzung derselben und in der absoluten Bestimmung dieser Grenzen. Das Einschalten der Düsenwassermenge erfolgte durch den Schwenkbecher v_2. Dabei konnte entweder mit dem Einschalten und Ausschalten des Schwenkbechers der Stromkreis einer Schwachstrombatterie mittels Quecksilberkontakt geschlossen und dadurch eine mechanische Registrierung betätigt werden, bei welcher das Zeitmaß der Wägung durch Sekundenpendel festgelegt war, oder es konnte unabhängig von der Betätigung des Schwenkarmes das Schneidenspiel der Wage von einer bestimmten Wasserlast an bis zur Erreichung einer bestimmten Wasserüberlast durch Kontaktgebung zeitlich festgelegt werden. In beiden Fällen erfolgte nach dem ersten Schneidenspiel mittels geeigneter Hebelübertragung die Auflage von rd. 120 kg auf die Wagplatte der Dezimalwage, wobei nach Füllung des Meßgefäßes mit einer der Wagauflage entsprechenden Wasserlast von in der Regel über 1200 kg der Schwenkbecher herumgeworfen wurde. Im ersteren Falle waren die Grenzen der Meßzeit durch das Ein- und Ausschalten des Schwenkbechers bzw. der Düsenwassermenge, im letzteren Fall durch den Schneidendurchgang mit und ohne Gewichtsauflage gegeben.

Von besonderem Interesse dürfte es sein, daß eine Reihe von Vorversuchen nur aus dem Grunde unbrauchbar war, weil — zunächst unbemerkt — das zur Messung verwendete Sekundenpendel seine lediglich durch Impuls von Hand eingeleitete Schwingung zeitlich dadurch veränderte, daß die für die Kontaktgebung bestimmte Blattfeder eine mit der Amplitüde der Schwingung variable Dämpfungskraft entwickelte, welche die Schwingungszeiten bis zu $3\,^0/_0$ während des Versuches veränderte. Dieser in den Ergebnissen sehr fühlbare Fehler konnte durch Verfeilen der Blattfeder auf $^1/_{20}$ mm (Papierblattstärke) unmittelbar hinter der Einspannfläche beseitigt werden[1]).

---

[1]) Für die gleichmäßige Aufzeichnung der Registrierbewegung hat sich Silber auf Silber für den Stromdurchgang an den Kontaktstellen als besonders vorteilhaft erwiesen.

Das für die Registrierung benutzte Sekundenpendel wurde durch Verschrauben des Pendelgewichtes bezüglich der Schwingungszeit zur Koinzidenz mit der Sekundenzeit der Hochschulpräzisionsuhr[1]) gebracht. Der Genauigkeitsgrad der Sekundenzeit ist für diese Type dadurch gegeben, daß 1^0 Temperaturunterschied gegenüber der Umgebungstemperatur von 15^0 bei 86 500 Sekundenschlägen einen Fehler von 0,002 sek bedingt.

Die Zeit zwischen Einschalten und Herauswerfen des Schwenkbechers, mit anderen Worten: die Zeit der Wasserfüllung betrug je nach der Düsenwassermenge bzw. den Druckhöhen über der Düse zwischen 70 und 100 Sekunden. Da die Genauigkeit der Ablesung auf dem Registrierstreifen 0,05 Sekunden entspricht und 0,55 mm Weg bei einer Papiergeschwindigkeit von 11 mm in der Sekunde beträgt, kann die mittlere Genauigkeit der Zeitmessung zu $0,65^0/_0$ angenommen werden. Für Wägung einschließlich Zeitbestimmung kann nach diesen Daten eine Genauigkeit der Wassermengenbestimmung für die Düseneichung von $0,165^0/_0$ gerechnet werden, wenn man annimmt, daß die Bewegung des Einschwenkens und das Herauswerfen des Schwenkbechers dem Beobachter in jeweils gleichen Zeiten gelungen ist, was natürlich von der persönlichen Geschicklichkeit und Gewandtheit zum Teil abhängt. Aus den Versuchen selbst ergibt sich wohl aus diesem Grunde der mittlere Genauigkeitsgrad der Düseneichung nur zu $0,728^0/_0$, ein immerhin für die Eichung an sich recht brauchbares Resultat, auf dem mit Zuverlässigkeit aufgebaut werden kann. Rehbock gibt als unterste Grenze der bei Eichung von Wassermengen anzustrebenden Genauigkeit $0,5^0/_0$ an, eine Ziffer, die nach Ansicht des Verfassers auf $0,2^0/_0$ für Laboratoriumsversuche zu erhöhen wäre[2]).

Im Einzelfall der Düseneichung wurde die mittlere Abweichung der auf 1 m Gefälle bezogenen Durchflußwassermenge zu $0,123^0/_0$ festgestellt, wenn die persönliche Geschicklichkeit des Messenden vollkommen ausgeschaltet ist. Letzteres wird dadurch erreicht, daß der elektrische Kontakt für die Zeitangabe nicht mit dem Ein- und Ausschalten des Schwenkbechers, sondern durch den Schneidendurchgang des Wagspieles geschlossen wird. Dieses Verfahren setzt natürlich voraus, daß die Wirkung des Wasserstoßes in der oberen Spiegellage und in der unteren Spiegellage des Wassers im Meßgefäß für die verschiedenen Wasserfüllungen bekannt ist. Diesbezügliche vorbereitende Versuche wurden bereits im Ok-

---

[1]) Pendel Type J System Rieffler der Firma Wagner, Wiesbaden, nachgesehen durch J. Neher Söhne, München.
[2]) Diese Ziffer ist von Rehbock inzwischen erreicht worden.

tober 1918 ausgeführt und ergaben für die in Betracht kommende Spiegeldifferenz von rd. 1 m eine Erhöhung des Wasserstoßes an der Wagenplatte bei Wagbeginn (untere Lage) gegenüber Ende der Wägung (obere Lage) für 18 l/sek um 3,7 kg, für 10 l/sek um 1,1 kg. Die Reaktionen wurden durch unmittelbares Auswiegen der getroffenen Platte mittels 4 Federwagen festgestellt. Durch den Wasserstoß wird demnach das Gewicht künstlich vergrößert. Wenn auch bei einer Gewichtszunahme von rd. 1240 kg diese Stoßwirkung selbst eine nur untergeordnete Rolle spielt, so hielt es der Verfasser doch für angezeigt, dieselbe gemäß Anordnung nach Zeichnung Tafel 1 experimentell klarzustellen und bei der Eichung der Düsen geeignet zu berücksichtigen.

Wird die persönliche Geschicklichkeit des Messenden nicht ausgeschaltet, so ergeben sich wesentlich größere Meßabweichungen in den geeichten Düsenwerten, und zwar derart, daß beispielsweise die Einzelwerte von den geeichten Werten um mehr als $\pm\,0,4^0/_0$ abweichen. Die zunächst angeführte Methode, die jedoch erst seit März 1920 Verwendung fand, ist sonach der letztgenannten Methode in ihrer Meßgenauigkeit rund dreifach überlegen.

Für die Eichung der Düsen wurden jeweils 10 Einzelmessungen als das Mindestmaß festgesetzt, welches zu einem brauchbaren Mittelwert der Eichung führt. Die nachfolgende Tabelle 2 gibt für Düse Nr. 32 als Versuchsbeispiel die zur Eichung erforderlichen berechneten und gemessenen Größen wieder.

Tabelle 2.

Wassermengen-Tabelle. Düse Nr. 32.

Datum	Vers.-Nr.	Zeit d. Versuch.	Meßzeit (Stoppuhr) sek	Meßzeit Sek.-Pend. sek	Druckhöhe über der Düse H_0 m	H_0 m	Wassergewicht G kg		Wassermenge Q l/sek	Red. Wass.-M. Q_1 (1 m Druckhöhe) l/sek
19. 8. 19	931	5^{50}	67,1	67,2	1,848	1,359	1227,0		18,25	13,45
28. 8. 19	966	4^{00}	67,5	67,0	1,857	1,362	1244,6		18,46	13,53
2. 9. 19	979	4^{40}	78,0	73,1	1,482	1,218	1228,2		16,88	13,88
30. 3. 20	1166	3^{55}	79,0	79,3	1,296	1,140	1234,2		15,55	13,63
30. 3. 20	1167	3^{58}	79,0	79,3	1,296	1,140	1234,2		15,55	13,63
30. 3. 20	1168	4^{01}	79,0	79,4	1,296	1,140	1234,2	Messung. m. Zeitbestim. d. Schneidensp.	15,53	13,61
30. 3. 20	1169	4^{04}	79,0	79,6	1,296	1,140	1234,2		15,54	13,58
30. 3. 20	1170	4^{08}	79,2	79,2	1,297	1,139	1234,2		15,56	13,64
30. 3. 20	1171	4^{12}	79,2	79,5	1,296	1,138	1234,2		15,52	13,60
30. 3. 20	1172	4^{15}	79,0	79,3	1,294	1,139	1234,2		15,55	13,63

3. Durchführung der Meßgitterversuche.

Die Durchführung der Meßgitterversuche erfolgte nach Klarstellung der beschriebenen Eichung im wesentlichen nach zwei Gesichtspunkten. Es sollte untersucht werden, in welcher Weise eine Änderung der Durchflußart

a) durch Änderung der Überfallform bei variablen Wassermengen,

b) durch Veränderung der Stauhöhe bei konstanten Wassermengen auf die Meßgitterreaktion einwirkt. Dabei sollte die Brauchbarkeit und die Genauigkeit des neuen Meßgerätes an sich bei Änderung der Überfallformen und der Stauhöhen untersucht und festgestellt werden. Außerdem erschien es wünschenswert, über das Geschwindigkeitsbild der Strömung unmittelbar vor dem Meßgitter im Einzelfall experimentellen Aufschluß zu erlangen und die Stau- und Schleppkraftwirkungen dabei in ihren gegenseitigen Größenwerten festzulegen, um auf diese Weise Grundlagen für spätere Neurechnungen des Meßgitters in Fällen der Praxis zu erhalten.

Für die genannten Zwecke konnten in den Normal-Prüfstandüberfall von 1300 mm Breite zunächst Seitenbleche eingebaut werden, welche die Überfallbreite auf 600, 200 und 50 mm einengten. Weiterhin konnte nach dem Vorschlag des Verfassers in das 1300 mm Rechteckprofil eine Halbkreisscheibe mit scharfen Kanten (500 mm Radius bei der ausgeführten Halbkreisscheibe) eingesetzt werden, die auch bei stark wechselnden Wassermengen eine möglichst gleichbleibende Meßgenauigkeit für zunehmende Überfallhöhen ergibt, da bekanntlich die Meßgenauigkeit des reinen Rechtecküberfalles bei abnehmender Überfallhöhe wesentlich kleiner ist als für große Überfallhöhen. Dieser Umstand hat zur Folge, daß die Überfallbreiten für Präzisionsmessungen mit wechselnden Wassermengen selbst gewechselt werden müssen, was während eines Dauerversuches betriebstechnisch nicht möglich ist[1]).

---

[1]) Bei 1 mm Fehlablesung der Überfallhöhe ergeben sich für den bekannten Hansenschen Überfall ohne Seitenkontraktion und 1 m Überfallbreite folgende mittlere Fehler bei der Berechnung der Wassermengen:

Überfallhöhe . .	100	150	200	250	300	350	400 mm
Wassermenge . .	58,3	108,6	169,1	139,2	319,0	408,5	505,9 l/sek
Wassermengen- schwankg. . .	1	1,87	2,89	4,09	5,46	7,15	8,61 „
Meßfehler . . .	1,53	1,01	0,77	0,625	0,523	0,465	0,415 %

Demgegenüber ergibt der vom Verfasser angewandte Kreisrundüberfall von 500 mm Radius, 1300 mm Überfallbreite mit Seitenkontraktion des abspringenden Wasserstrahles folgende mittlere Fehler und Überfallhöhen unter

Tabelle 3.

Technische Hochschule.
Hydraulisches Institut.
I. Aufgabe.

Praktikum, S.-S. 1919.

Arten der Wassermessung.

7. 8. 1919.

Beob. 1 u. 2
Aufschr. 1 (I. St.)

Versuchsprotokoll.

Vers. Nr.	Nr. der Messung	Zeit	h_0 mm (Kreisrundüberfall)		H_0 mm		H_0' Schwimmer mm	h_u' Schwimmer mm	H_u Schwimmer mm	H Schwimmer mm	Versuch-Nr.	Bemerkungen
			Schwimmer	Taster	Schwimmer	Taster						
Vorversuch:			8,9	(620,0) 612,3	[1]	3913,5	0	4	5	2820		Beobachter 1 Seck
14 Düsen in Be-trieb (14—27) I.	1	3^{10}	409,1	(406,7) 213,3	1909	(1909,5) 2104	1917	366,5	449	4186	871	Beobachter 2 Druck
	2	3^{14}	409,2	(405,6) 214,4	1928	(1924,7) 1988,8	1932	367,8	449	4195	872	
	3	3^{20}	408,4	(405,7) 214,3	1929	(1926,5) 1987	1935	367,9	450,0	4196	873	
	4	3^{25}	408,1	(406,3) 213,7	1928	(1924,8) 1988,7	1934	368,0	450,5	4195	874	
	5	3^{30}	409,0	(406,3) 213,7	1927	(1923,7) 1989,8	1933	367,7	450,0	4193	875	
	6	3^{35}	409,0	(406,3) 213,7	1928	(1924,5) 1989,0	1933	369,9	450,0	4194	876	
	7	3^{40}	409,1	(407,2) 212,8	1931	(1927,8) 1985,7	1936	368,9	450,5	4197	877	
	8	3^{45}	408,3	(406,5) 213,5	1929	(1926,5) 1987	1934	368,9	450,5	4194	878	
Mittelwert:			408,77	(406,3) 213,7	1926,1	(1923,5) 1990	1931,75	368,2	549,94	4193,9		
8 Düsen in Be-trieb (14—21) II.	9	4^{20}	294,0	(287) 333	1900	(1887,5) 2026	1900	239	300	4430	879	Beobachter 1 Druck
	10	4^{25}	293,0	(286) 334	1883	(1876,5) 2037	1885	239	295	4405	880	Beobachter 2 Pachta
	11	4^{30}	293,0	(285,5) 334	1872	(1865,5) 2048	1875	238	295	4395	881	
	12	4^{35}	292,7	(285,8) 334,5	1864	(1859,5) 2054	1865	238	295	4390	882	
	13	4^{40}	292,5	(284,5) 334,2	1859	(1855,5) 2058	1860	237,5	295	4385	883	
	14	4^{45}	292,6	(284,5) 335,5	1857	(1853,5) 2060	1857	237,5	295	4420	884	
	15	4^{50}	293,5	(284,5) 335,5	1854	(1851,5) 2062	1855	237	295	4380	885	
	16	4^{55}	292,4	(284,5) 335,5	1833	(1849,5) 2064	1855	237,5	295	4380	886	
Nachversuch:				622,0		1862,4						
Mittelwert:			292,96	334,5 (287,5)	1867,8	2051,1	1869	237,94	295,6	4398		

[1] Die Klammerwerte geben die tatsächlichen Überfallhöhen h_0 an.

Tabelle 3a.

Technische Hochschule München. Praktikum, S.-S. 1919.   7. 8. 1919.
Hydraulisches Institut.
I. Aufgabe.

Beob. 3—6 (Keller)
Aufschr. 6.   **Arten der Wassermessung.**

$b_u = 606{,}5$ Versuchsprotokoll.

Beobachter:		5	5	5	4	4	6	3	3	6		
Vers.-Nr.	Nr. der Messung	Zeit	h_u mm		P	G_e	G_{voll}	G	tg	sek	Nr. d. Düse	Versuch-Nr.	Bemerkungen
			Schwimmer	Taster	kg	kg	kg	kg	Stopp-uhr	Sekd.-Pendel			
Vorversuch:				1328,9	0,03	314,0							Beobachter 3 Druck
I.	1	3⁰⁸	365,6	(366,6)[1] 962,3	1,240	319,3	1557,0	1237,7	65,2	66,3	27	871	Beobachter 4 Pachta
	2	3¹⁴	366,0	(370,7) 958,2	1,220	316,1	1552,4	1236,3	64,6	65,3	26	872	Beobachter 5 Buchholz
	3	3²⁰	367,4	(371,1) 957,8	1,220	317,0	1550,0	1233,0	64,7	65,6	25	873	
	4	3²⁵	367,5	(366,1) 962,8	1,225	316,7	1548,0	1231,3	66,1	65,5	24	874	Beobachter 6 Lindner
	5	3³⁰	367,4	(366,7) 962,2	1,230	317,0	1545,4	1228,4	68,7	65,5	23	875	14 Düsen, davon 13 über
	6	3³⁵	368,4	(366,3) 962,6	1,230	316,5	1547,5	1231,0	68,4	65,5	22	876	Überfall
	7	3⁴⁰	368,5	(365,9) 963,0	1,230	317,0	1552,0	1235,0	67,7	65,8	21	877	1 Düse in Meßgefäß
	8	3⁴⁵	368,4	(367,7) 961,2	1,230	315,5	1553,5	1238,0	66,3	66,0	20	878	
Mittelwert:			367,4		1,228			1233,8	66,5	66,1			
II.	9	4²⁰	236,4	(241,0) 1087,9	0,400	316,2	1558,3	1242,1	68,4	67,6	21	879	Beobachter 3 Buchholz
	10	4²⁵	236,9	(241,1) 1087,8	0,390	317,2	1552,9	1235,7	70,0	67,7	20	880	Beob. 4 u. 5 Seck
	11	4³⁰	236,8	(240,7) 1088,2	0,390	317,2	1551,9	1234,7	68,0	67,5	19	881	
	12	4³⁵	237,0	(240,4) 1088,5	0,385	316,9	1552,6	1235,7	65,7	65,6	18	882	Beobachter 6 Lindner
	13	4⁴⁰	236,9	(239,5) 1089,4	0,380	316,5	1557,4	1240,9	67,4	67,1	17	883	
	14	4⁴⁵	235,5	(239,0) 1089,9	0,380	316,7	1549,3	1232,6	68,8	68,1	16	884	8 Düsen, davon 7 über
	15	4⁵⁰	235,6	(239,9) 1096,0	0,380	317,3	1552,2	1234,9	68,4	68,3	15	885	Überfall
	16	4⁵⁵	235,7	(238,8) 1090,1	0,420	312,3	1548,7	1236,4	65,8	66,6	14	886	1 Düse in Meßgefäß
Mittelwert:			236,4	1087,9	0,3906[1])			1236,6	67,8	67,3			

[1]) Die Klammerwerte geben die tatsächlichen Überfallhöhen h_0 an.
[2]) Nachversuch $P_0 = 0{,}19$.

Je nach der Überfallform ergeben sich für die einzelnen Wassermengen bestimmte **Zuströmbedingungen** zum **Meßgitter**, die mit der Kräftereaktion desselben in unmittelbaren Zusammenhang gebracht werden können, wobei der Wechsel der Querschnittsflächen für das durchströmende Wasser bzw. die von der Überfallform abhängige Wassertiefe verursacht war.

Die Durchführung der Versuche erfolgte in der Hauptsache während der Übungen für Wasserkraftmaschinen und -Anlagen der Studierenden der Maschinen- und Elektroingenieur-Abteilung in der Weise, daß das von den Betriebspumpen in das Prüfstandreservoir geförderte Wasser durch die in der Turbinenkammer eingebauten Düsen teils in die Ablaufkammer und durch das Meßgitter jeweils über den Überfall in ein Ablaufgerinne zum Abfluß kam, in welchem Gelegenheit zu weiteren Wassermessungen (Hydrometrischer Flügel, Messung mit Stauröhre, Schirmmessung nach Anderson) gegeben war, um auf diese Weise auch einen Vergleich der Meßgenauigkeit der einzelnen Verfahren zu bekommen, auf die indes an dieser Stelle nicht weiter eingegangen werden soll.

Über die Art der Versuchsdurchführung geben beispielsweise die wiedergegebenen Abschriften der Versuchs-Protokolle des Praktikums-Versuches Nr. 1 vom 7. 8. 1919 (Tabelle 3 u. 3a) Aufschluß. Aus diesen Protokollen ergibt sich, daß bei der Versuchsreihe I 14 Düsen, bei der Versuchsreihe II 8 Düsen in Betrieb waren, ferner daß die hinter dem Meßgitter verwendete Überfallform (Messung im Kellerraum) eine freie Breite von 606,5 mm gehabt hat.

Mit den Praktikumstagen haben sowohl die Zahl der Betriebsdüsen als auch die Überfallformen jeweils gewechselt. Die Original-Protokolle dieser von dem Verfasser vorgeschlagenen und ausgearbeiteten Versuche befinden sich mit den Auswertungen bei den

Zugrundelegung des gleichen Ablesefehlers von 1 mm bei gleichen Wassermengen:

| Überfallhöhe .. | 242 | 322 | 392 | 462 | 510 | 518 | 623 mm |
| Meßfehler ... | 0,67 | 0,59 | 0,53 | 0,48 | 0,46 | 0,45 | 0,415 % |

Es zeigt sich auf diese Weise, daß die Meßgenauigkeit durch die **Form** des Überfalles in nicht unwesentlichen Grenzen beeinflußt werden kann. Die **Steigerung der Meßgenauigkeit** beträgt gegenüber dem Hansenüberfall für die angegebenen Wassermengen:

| | 229 | 171 | 145 | 130 | 116 | 108 | 100 % |

Sie ist demnach gerade für Kleinwassermengen recht fühlbar.

Auch für die Kuppe der Kreisscheibe (Überfallhöhe $= 510$ mm) ergibt sich nach den Versuchen bei 1 mm Ablesefehler ein Meßfehler von nur 0,46 %.

Akten. Über die Auswertung selbst finden sich die näheren Angaben in dem Kapitel „Versuchsresultate", S. 35 usf.

Für die Versuche mit Meßgitter ist die Beobachtung folgender Größen durchgeführt worden:

1. Die Druckhöhe über Düsenoberkante, welche ebenfalls mittels Schwimmer und Pendeltaster[1]) gemessen wird,
2. die Reaktion der auf das Meßgitter wirksamen Stau- und Schleppkräfte P in Mittellage-Meßgitter, welche auf einer geeichten Meßscheibe durch entsprechende Anzeigevorrichtung gemessen wird,
3. die Höhe des Unterwasserspiegels vor dem Meßgitter[2]) über der unteren Überfallkante, welche mittels Schwimmer gemessen wird,
4. die Düsenwassermengen, welche durch Zeit- und Gewichtsbestimmung zwischen Einschalten und Ausschalten des Düsenwassers gemessen werden,
5. die Überfallhöhe des unteren Kontrollüberfalles, welche mittels Schwimmer und Pendeltaster gemessen wird.

Vor Beginn und nach Beendigung jeden Versuches wurden die Null-Lagen der Überfallkanten bzw. der scharfkantigen Düsen experimentell dadurch festgelegt, daß durch sehr geringes Öffnen der Wasserleitung rund 0,02 l/sek und darunter tropfenweise zum dauernden Überlauf über die Überfallkanten gebracht werden. Da gegenüber dieser äußerst geringen Überfallwassermengen die kleinste gemessene Wassermenge 15 l/sek, die größte aber rund 650 l/sek betrug, war durch die angegebene Null-Lagenbestimmung eine besondere Korrektur der Wassermengen nicht erforderlich. Auf dieser Null-Lage konnten die mit Noniuseinteilung für $^1/_{10}$ mm Ablesung eingerichteten Ablesungen der Schwimmer- und Tasterwerte mit ihren Null- bzw. Ausgangswerten eingestellt werden. Außerdem war es möglich, die Spiegelhöhe sowohl etwas unterhalb der Überfallkante als oberhalb der Überfallkante dadurch zu kontrollieren, daß bei langsam steigendem Wasserspiegel mehrere in ihrer Höhenlage fixierte Schneiden zum Eintauchen kamen und daß der Zeitpunkt des Eintauchens dieser

---

[1]) Der Pendeltaster besteht aus einem verschiebbaren Stab mit Millimeterteilung und Noniusablesung für $^1/_{10}$ mm, dessen Ende in zwei nach oben abgebogene Schneiden ausläuft, die bei Herausziehen des Stabes aus dem Wasser zum Auftauchen kommen und wobei die nicht verschiebbare Stabführung nebst Ablesevorrichtung auf fester Unterlage in der Schneidenebene schwingbar aufgesetzt ist, so daß beim Pendeln für die Spiegellage des Tasters die eine Schneide immer gerade verschwindet, wenn die andere auftaucht.

[2]) Bei Einzelversuchen wurde die Stauhöhe vor dem Meßgitter mittels Feinschwimmerablesung gemessen.

Schneiden durch Spiegelablesung genauestens bestimmt und somit die Schneiden- mit den Schwimmerwerten unmittelbar verglichen werden konnten. Der Vergleich der beiden Methoden zeigte nahezu völlige Übereinstimmung. Wesentlich schwieriger als die Feststellung der Null-Lage war die Einstellung der eigentlichen Überfallhöhe dann, wenn die Wasserströmung keine ruhige Spiegelfläche vor dem Überfall ergab. Hier zeigte die Durchführung der Versuche zwischen Schwimmer- und Tasterwert teilweise Differenzen bis zu 3 mm, die, wie gesagt, auf Turbulenz der Strömung zurückzuführen sind, die jedoch dank der Düseneichung für die Bestimmung der Wassermengen ausgeschaltet und daher ohne Belang waren. Die Druckhöhe über Überfallkante betrug in der Regel über 1000 mm, die Druckhöhe über der Düse in der Regel über 1500 mm. Im Einzelfall wurden auch bei den Versuchen mit Düsen Druckhöhen von nur 700 mm gemessen. Letzteren Falles war erforderlich, die Luft-

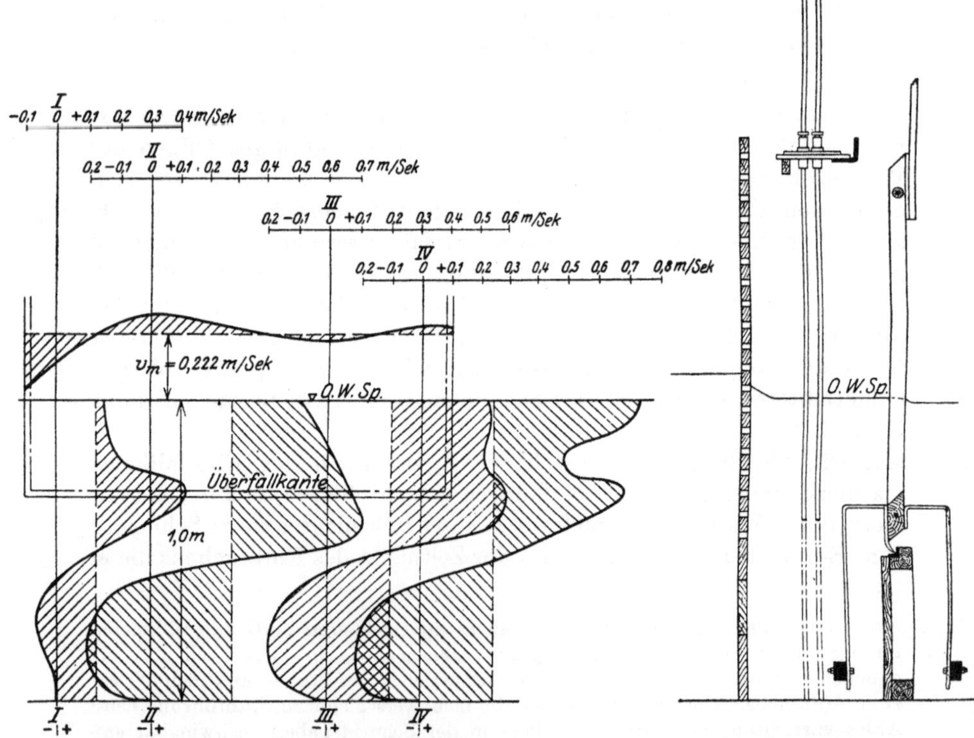

Abb. 5. Schema der Geschwindigkeitsmessung. Eichung der P.-R. siehe Abb. 6. Meßgitter. Geschwindigkeitsbild v. d. M. G. Drehtor voll geöffnet; $Hu = 428$ mm. Rechtecküberfall 1300 mm. Vers. v. 19. 3. 20 $5^0 - 5^{30}$ nachm. $Q_m = 0,222 \cdot 1,0 \cdot 1,4 = 0,310$ cbm/sec.

wirbelbildung über den Düsen zu verhindern, was in einfachster
Weise durch eine im Wasser schwimmende Brettlage erreicht wurde.

Zur Kontrolle der Rümelinschen Pulsationstheorie[1]) wurde
durch das Meßgitter die Pulsation bei Einzelversuchen dadurch zeitlich festgelegt, daß die Papiergeschwindigkeit gegenüber dem Normal-
betrag (Uhrwerksantrieb) durch Handantrieb mittels Kurbel und
Schnurzug auf den 20- bis 50fachen Betrag gesteigert wurde. Auf
gleiche Weise wurde auch gezeigt, wie die Augenblicksänderungen
der strömenden Wassermenge (Schwallerscheinungen beim Anstau
und Ablassen) zur Anzeige und Registrierung kommen, was praktisch

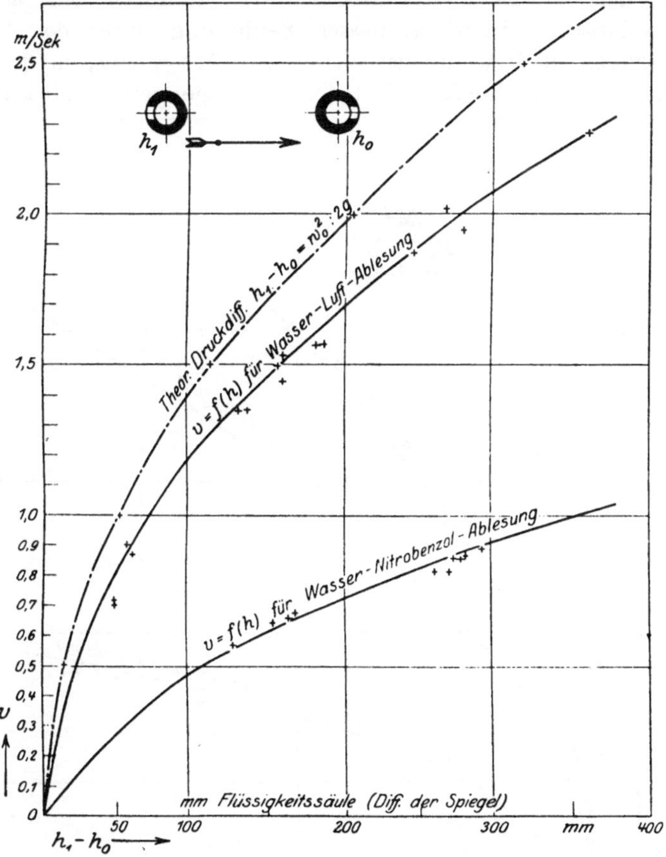

Abb. 6. Eichung der Pitotröhren (Doppelrohre, getrennt).
Schnitt durch die Pitotröhren.

---

[1]) Rümelin, Wie bewegt sich fließendes Wasser? Ein neuer Weg zur
Klärung des Problems nebst Untersuchungen über die beste empirische Formel,
Verlag Zahn & Jaensch, Dresden 1913.

für die Kontrolle der Wasserführung zwischen Ober- und Unterlieger bei Streitfällen über künstlich und unerlaubt erzeugten Stau (Mühlenbetrieb, Sägewerk u. dgl.) von Bedeutung ist.

Zur Festlegung des Geschwindigkeitsbildes vor dem Meßgitter dienten für den Einzelversuch Messungen mit Pitotröhren, deren Genauigkeitsgrad durch Verwendung von Nitrobenzol auf Wasser gegenüber der gebräuchlichen Ablesung von hochgesaugtem Wasser unter Luft auf den rund fünffachen Betrag gesteigert wurde. Die Anordnung für diese Versuche ist aus Zeichnung Abb. 5 ersichtlich. Die Eichung der Pitotröhre für Nitrobenzol-Ablesung erfolgte im Flügeleichkanal des Hydraulischen Instituts durch den Meßwagen des Geodätischen Instituts, dessen Benützung durch den Vorstand des letzteren in freundlicher Weise gestattet wurde, in der Weise, daß bei den verschieden einstellbaren Wagengeschwindigkeiten die

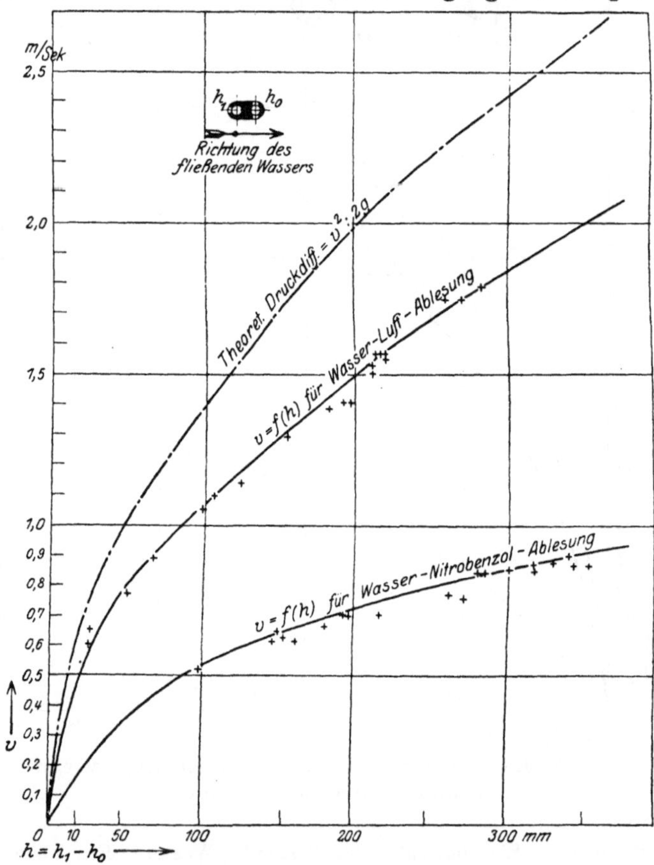

Abb. 7. Eichung der Pitotröhren (Einrohr mit 2 Röhrchen). Schnitt durch die Pitotröhren.

Differenzen der Nitrobenzolkuppen bzw. der Wasserkuppen festgestellt wurden, deren Ablesung durch Färbung des Nitrobenzols mit Fuchsin erleichtert wurde. Die Eichresultate für die angewandten Formen der Pitotröhre sind nebst diesen Formen aus den Zeichnungen Abb. 6 und 7 ersichtlich. Dabei ist beachtenswert, daß die Anordnung seitlicher Öffnungen für die im Wasserstrom zurückliegende Pitotröhre die Saugwirkung keineswegs aufhebt.

Zur Veränderung der Stauhöhe bei gleichbleibender Überfallform diente das in der Zeichnung Tafel I ersichtliche Drehklappentor. Die durch die Überfallform der Wassermenge und die Einbauten bedingte natürliche Stauhöhe vor dem Meßgitter konnte durch Schließen des Drehtores bis auf den Betrag von rund 1000 mm gesteigert und die Wasserdurchtrittsfläche durch das Meßgitter um einen entsprechenden Betrag erhöht werden. Bei diesen Spezialversuchen, welche systematisch erst nach den Praktikumsversuchen im Sommersemester 1919 stattfanden, wurden die vor und hinter dem Meßgitter auftretenden Stauhöhen gleichzeitig mittels Schwimmer gemessen, um auch einen Einblick in die Stau- und Schleppkräfte zu ermöglichen. Gleichzeitig konnte durch Öffnen der Drehtore der angeführte Wasserschwall erzeugt werden. Seine zeitliche Registrierung war mit dem Meßgitter durch Momentananzeige der durchtretenden Wassermengen ohne weiteres möglich, während die Registrierung der Schwallwassermengen mittels Schwimmerbewegung bei Überfallmessungen infolge zeitlicher Differenz zwischen Veränderlichkeit der Überfallhöhe und der in bestimmtem Zeitabstand nachhinkenden Schwimmereinstellung versagt. (Fehlwerte des Limnographen[1]) im Gegensatz zu den Meßgitterwerten.) Letzterer Versuch wurde zu Demonstrationszwecken während der Übungen zu Wasserkraftmaschinen und -Anlagen sowohl den Studierenden, als maßgebenden Fachleuten durch den Verfasser vorgeführt.

4. Versuchsresultate.

Aus den Abb. 8 bis 11 sind zunächst die unmittelbaren Versuchsresultate ersichtlich, welche bezüglich des Kräfteverlaufes der Wassermengen für die einzelnen Überfallformen zu beobachten sind. Die gesamten Wassermengen sind dabei stets als Summe der Einzeldüsenmengen dadurch gegeben, daß die sogenannte charakteristische Durchflußmenge jeder bei dem Versuch in Betrieb befindlichen Düse (Wassermenge bei 1 m Druckhöhe über Düsenoberkante) berück-

---

[1]) S. Mitteilungen der Abteilung für Landeshydrographie des Eidgenöss. Departements des Innern, Bd. 2, Bern 1913, Tafel 7.

sichtigt wurde und das arithmetische Mittel derselben mit der Quadratwurzel der während des Versuches im stationären Zustande beobachteten tatsächlichen Druckhöhe und der im Betrieb befindlichen Düsenzahl selbst multipliziert wurde. Das Muster einer Protokollauswertung liegt in Tabelle 4 bei. Die Kräftewirkungen P sind unmittelbar auf Grund der vorausgegangenen Eichung ermittelt. In

Tabelle 4.

Arten der Wassermessung:
Auswertung.   Praktikum, 7. 8. 1919.

I.

$b_0 = \text{Kr.Ü.}$ $h_0 = 406{,}3$ $H_0 = 1918$ $H_u = 450{,}5$ mm

$b_u = 606{,}5$ $h_u = 368$ $(h_u{}' = 368{,}9)$ $P = 1{,}228 + 0{,}030 = 1{,}258$ kg

$z_u = 13$ $Q = 1{,}047 \cdot 0{,}4063 \sqrt{0{,}4063} = 271$

$Q_1 = 1{,}75 \quad \cdot 0{,}5885 \cdot 0{,}368 \sqrt{0{,}368} = 230$ l/sek.

II.

$b_0 = \text{Kr.Ü.}$ $h_0 = 284{,}5$ $H_0 = 1846$ $H_u = 285$ mm

$b_u = 606{,}5$ $h_u = 239$ $(h_u = 237)$ $P = 0{,}3906 + 0{,}190 = 0{,}5806$ kg

$z_u = 7$ $Q = 0{,}939 \cdot 0{,}2845 \sqrt{0{,}2845} = 142{,}5$

$Q_1 = 1{,}75 \cdot 0{,}593 \cdot 0{,}239 \sqrt{0{,}239} = 121{,}2$ l/sek.

	Zeit	H_0 m	$\sqrt{H_0}$ m$^{1/2}$	G kg	tg sek	Q_2 l/sek	$(Q_1)_I$ l/sek	z	(Q_1) Düse l/sek	Düse Nr.	Versuch Nr.
I. In Betr. Düse 14—27 $(Q_1)_m = 13{,}515$	3^{10}	1,9095	1,381	1237,7	66,3	18,68	13,52			27	871
	3^{14}	1,9247	1,387	1236,3	65,3	18,92	13,64			26	872
	3^{20}	1,9165	1,388	1233,0	65,6	18,80	13,55			25	873
	3^{25}	1,9248	1,387	1231,3	65,5	18,80	13,56	$13 \times 18{,}75$		24	874
	3^{30}	1,9237	1,386	1228,4	65,5	18,77	13,53			23	875
	3^{35}	1,9245	1,387	1231,0	65,5	18,79	13,54			22	876
	3^{40}	1,9278	1,388	1235,0	65,8	18,77	13,52			21	877
	3^{45}	1,9265	1,387	1238,0	66,0	18,77	13,53			20	878
		1,9235	1,386			18,79			244,0		
II. In Betr. Düse 14—21 $(Q_1)_m = 13{,}503$	4^{20}	1,8875	1,373	1242,1	67,6	18,38	13,38			21	879
	4^{25}	1,8765	1,373	1235,7	67,7	18,26	13,29			20	880
	4^{30}	1,8655	1,372	1234,7	67,5	18,31	13,34			19	881
	4^{35}	1,8595	1,372	1235,7	65,6	18,29	13,32	$7 \times 18{,}55$		18	882
	4^{40}	1,8555	1,372	1240,9	67,1	18,50	13,47			17	883
	4^{45}	1,8355	1,372	1232,6	68,1	18,12	13,19			16	884
	4^{50}	1,8515	1,372	1234,9	68,3	18,08	13,17			15	885
		1,8495	1,372	1236,4	66,6	18,56	13,51			14	886
		1,8624	1,372			18,31			130,0		

$k_I = 1{,}258 \cdot 0{,}244 = 20{,}57$ $k_I \cdot H_u = 20{,}57 \cdot 0{,}4505 = 9{,}30$

$k_{II} = 0{,}5806 \cdot 0{,}1282 = 35{,}40$ $k_{II} \cdot H_u = 35{,}4 \cdot 0{,}285 = 10{,}5$

der Gitterreaktion wurden die Werte H_u und h_u (s. Tafel I und Abb. 8) mittels Schwimmerablesung und Tasterablesung direkt gemessen, und zwar erstere Werte in der Turbinenablaufkammer unterhalb den ausgießenden Düsen mittels Schwimmerablesung, letztere Werte rund 2 m von der Überfallkante entfernt mittels Schwimmer- und Tasterablesung.

Bezeichnet P die Reaktionskraft, b die Stirnbreite des Meßgitters, h die Wasserhöhe, bezogen auf den Drehpunkt des Meßgitters, l den wirksamen Hebelarm der gemessenen Reaktionskraft, so ergibt sich unter Bezugnahme auf die Abb. 8 die Beziehung

$$M = \int h \cdot dP = P \cdot l.$$

Nimmt man zunächst an, daß die Wassergeschwindigkeit c über den ganzen Querschnitt konstant sich verteilt und ihr Quadrat ein Maß der ausgeübten Reaktion bildet, dann ergibt sich

$$M = \int_{h=o}^{h=b} h \cdot b \cdot (\varrho \cdot c^2) \cdot dh = P \cdot l.$$

Da $h \cdot b \cdot c = Q$ und $dh\,b \cdot c = dQ$ gesetzt werden kann, so würde sich bei einer Berechtigung dieser Annahme für die Breiteneinheit ergeben:

$$\frac{M}{b} = \frac{\varrho}{b^2} \int_{Q=o}^{Q=Q} Q \cdot dQ = \frac{\varrho}{2} \cdot \left(\frac{Q}{b}\right)^2 = \frac{p}{b} \cdot l,$$

mit anderen Worten, es würde in diesem Falle das vom Meßgitter ausgeübte Moment von der Wassertiefe unabhängig allein dem Quadrat der Wassermenge proportional erscheinen.

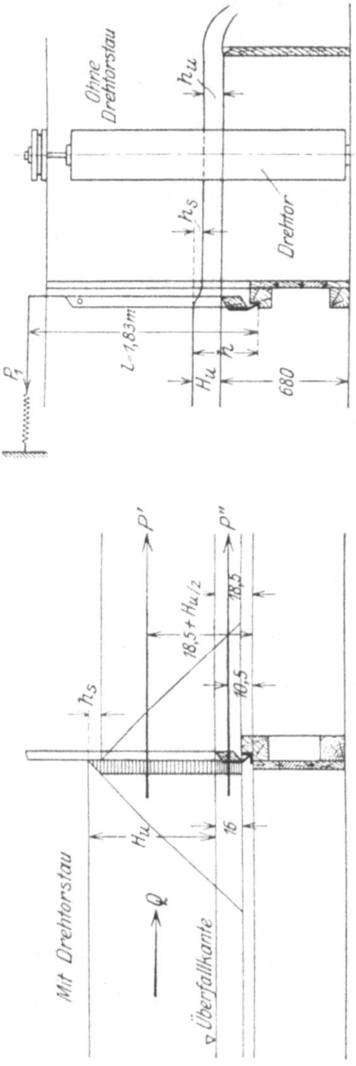

$$\frac{M}{b} = \frac{\varrho}{2} \left(\frac{Q}{b}\right)^2 \quad \text{und} \quad P = k \cdot Q^2.$$

Abb. 8. Stau- und Kräftewirkung. Meßgitter, Stauhöhe, Gefällsverlust und Gitterreaktion bei konstanter Wassermenge $Q = 306$ lit/sec.

Zu der gleichen Beziehung kommt man, wenn man das Meßgitter als festen Körper in bewegter Flüssigkeit betrachtet und die für den Schiffswiderstand bekannte Formel[1]) zur Anwendung bringt. Bezeichnet P die Gitterreaktion, F die gesamte strömende Wasserfläche, f die Stirnfläche des Meßgitters, n das Verhältnis F zu f, B die offene Kanalbreite, in welche das Meßgitter eingebaut ist, b die zwischen dem Meßgitter stehende freibleibende Breite, so ergibt sich unter Rückbezug auf die in der „Hütte" angegebene Formel

$$W = \lambda \cdot f \left(\frac{n\,c}{n-1} \right)^2 \quad \dots \dots \dots \quad (1)$$

Setzt man für $f = h\,(B - b)$, für $c = \dfrac{Q}{h \cdot b}$, so ergibt sich

$$W = \lambda \left(\frac{n}{n-1} \right)^2 \frac{Q^2}{h} \cdot \frac{B-b}{b^2} = \lambda \left(\frac{B}{b^2} \right)^2 \cdot \frac{Q^2}{h} (B - b) \quad \dots \quad (1\,a)$$

Da ferner

$$\frac{W \cdot h}{2} = P \cdot l, \quad \dots \dots \dots \dots \quad (2)$$

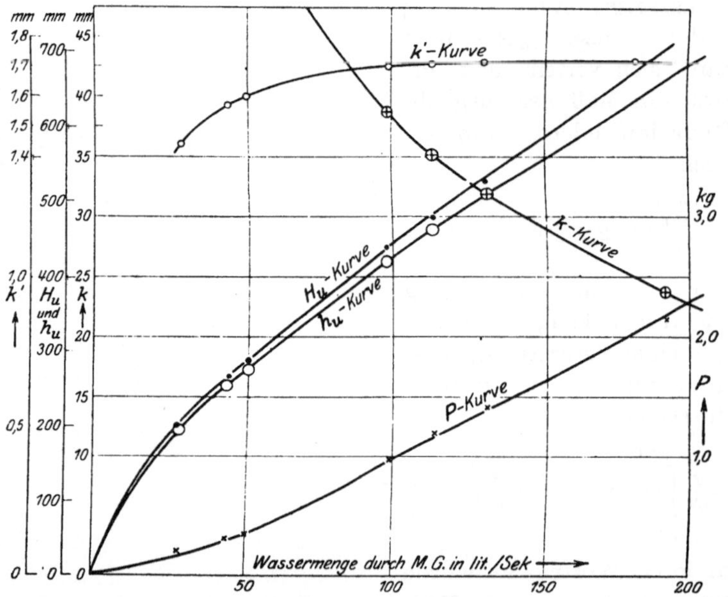

Abb. 9. Meßgitter. Versuche mit Rechtecküberfall $b = 200$ mm. Eichung des M.G. nach den Gleichungen $P = k \cdot Q^2$ bzw. $k' = \dfrac{Q^2}{H_u}$ bei wechselnder Wassermenge und voll geöffnetem Drehtor.

$\times$ P Punkte, $\bullet$ H_u Punkte, $\bigcirc$ h_u Punkte, $\oplus$ k Punkte, $\circ$ k' Punkte.

---

[1]) S. „Hütte" 1911, Bd. I, S. 327.

so folgt daraus

$$P=\frac{W}{2\,l}\cdot h = r\cdot\left(\frac{B}{b^2}\right)^2\frac{Q^2}{h}\,(B-b)\cdot\frac{h}{2} = k\cdot Q^2 \quad . \quad . \quad (2\,\mathrm{a})$$

unabhängig von h, welches aus Gleichung (2 a) herausfällt.

Ebenso wie es nach den Angaben der „Hütte" irrtümlich wäre, den Faktor k als Konstante vorauszusetzen, trifft auch die Annahme einer gleichmäßigen Verteilung der Wassergeschwindigkeiten bei der vorliegenden Versuchsanordnung nach den Meßergebnissen keineswegs zu. Es weichen aus dem Grunde die aus der Funktion $\left(k=\dfrac{P}{Q^2}\right)$ sich ergebenden k-Kurven von der Geraden entsprechend ab. In den Abb. 9 bis 12 sind für die Überfallformen $b_u = 200$ bzw. 600 bzw. 1000/1300 bzw. 1300 die auf Grund der Vorversuche vom Jahre 1918 und 1919, der Praktikumsversuche vom Sommersemester 1919 und der Nachversuche vom Jahre 1920 beobachteten Werte P, h_u und H_u als Funktion der Wassermenge Q aufgetragen und aus diesen Kurven nach Ausgleich der unvermeidlichen Meßungenauigkeiten die

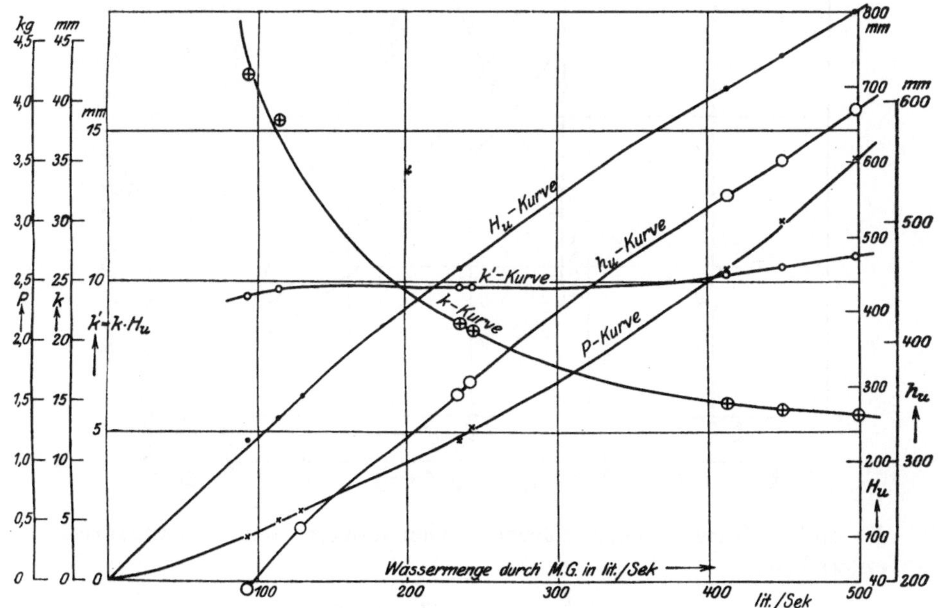

Abb. 10. Meßgitter. Versuche mit Rechtecküberfall $b = 606$ mm. Eichung des M.G. nach den Gleichungen $P = k\cdot Q^2$ bzw. $= k'\cdot\dfrac{Q^2}{H_u}$ bei wechselnder Wassermenge und voll geöffnetem Drehtor.

$\times$ P Punkte, $\bullet$ H_u Punkte, $\bigcirc$ h_u Punkte, $\oplus$ k Punkte, o k' Punkte.

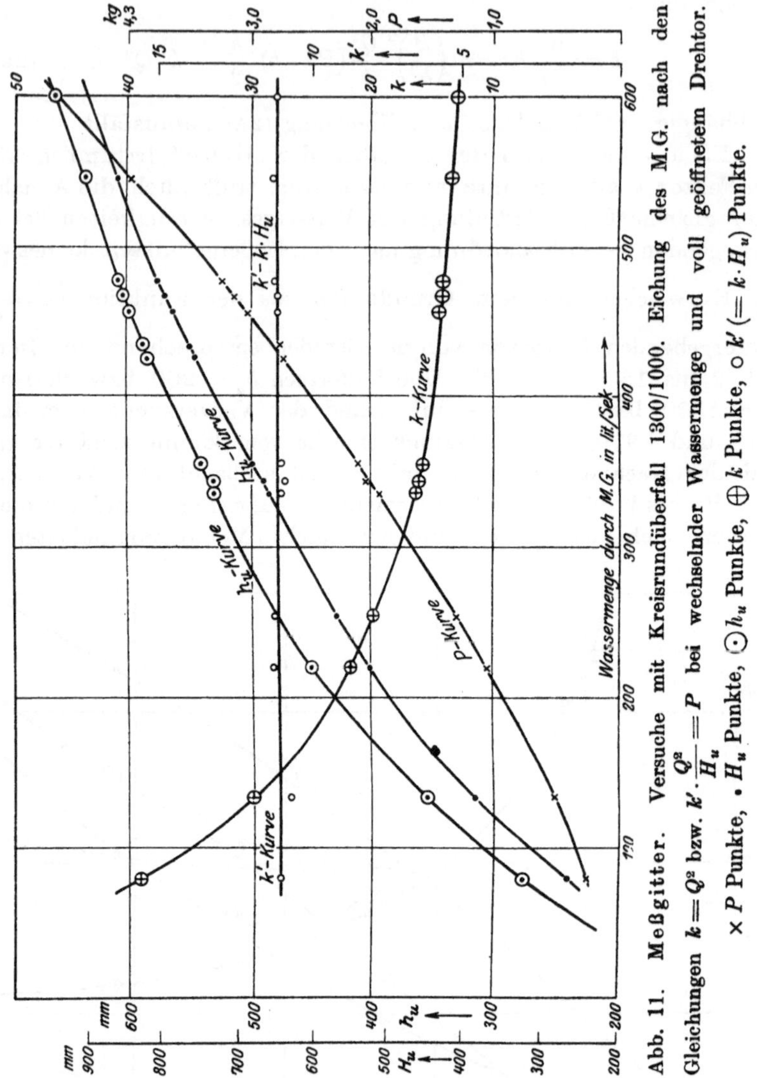

Abb. 11. Meßgitter. Versuche mit Kreisrundüberfall 1300/1000. Eichung des M.G. nach den Gleichungen $k = Q^2$ bzw. $k' \cdot \dfrac{Q^2}{H_u} = P$ bei wechselnder Wassermenge und voll geöffnetem Drehtor. × P Punkte, • H_u Punkte, ⊙ h_u Punkte, ⊕ k Punkte, ○ k' ($= k \cdot H_u$) Punkte.

k- und k'-Kurven nach folgenden Gleichungen rein experimentell entwickelt:

$$k = \frac{P}{Q^2} \quad \text{und} \quad k' = k \cdot H_u.$$

Es zeigt sich dabei, daß die k-Werte mit zunehmenden Wassermengen in jedem Falle abnehmen, während die k'-Werte für ein und dieselbe Überfallform nahezu konstant bleiben. Untersucht man die

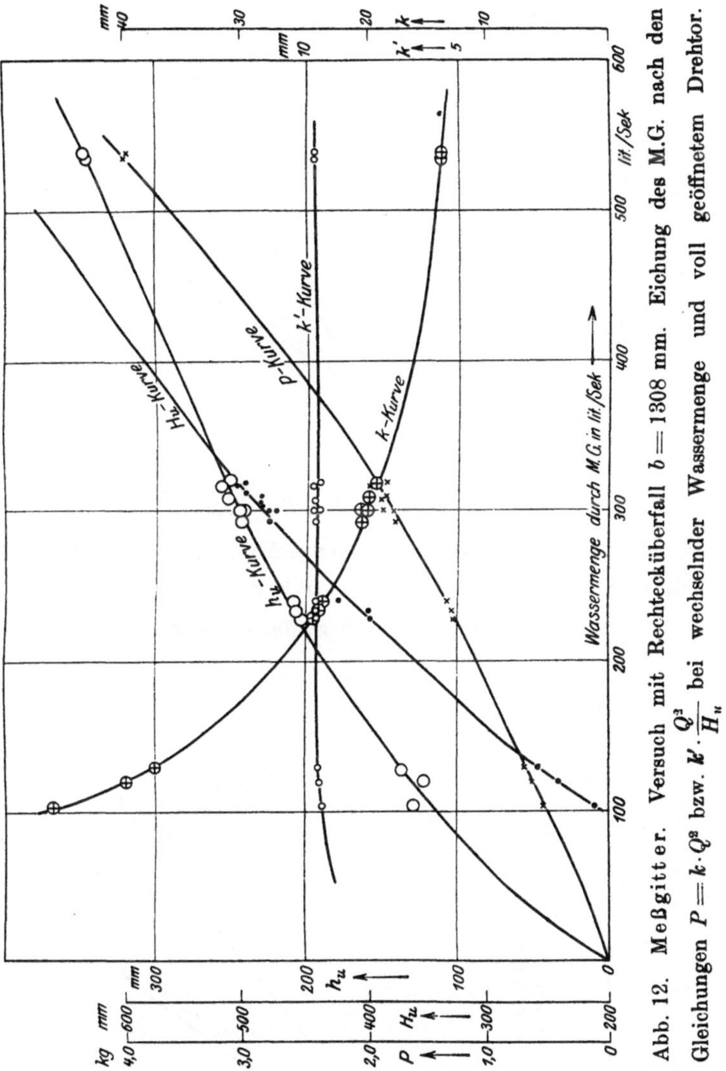

P-, H_u- und k-Kurven auf ihre funktionelle Eigenschaft, bezogen auf Q, so ergeben sich Gesetze, deren Darstellung[1]) durch Exponentialfunkrionen nach der allgemeinen Formel $y = a + b\,x^n$ auf logarithmischem Koordinatensystem unschwer gelingt. Aus den Abb. 13 bis 16 sind die diesbezüglichen Konstanten der Gleichung unmittelbar zu

---

[1]) Siehe Camerer, Veranschlagen von Niederdruckwasserkräften. Sonderdruck Z. d. V. d. I., 1918, S. 9.

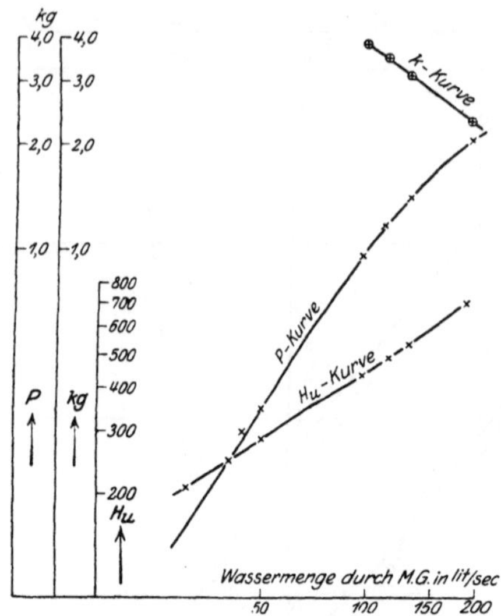

Abb. 13. Meßgitter. Versuche mit Rechtecküberfall $b = 200$ mm. Eichung des M.G. nach den Gleichungen $P = k \cdot Q^2$ bzw. $k' = \dfrac{Q^2}{H_u}$. Bei wechselnder Wassermenge und voll geöffnetem Drehtor.

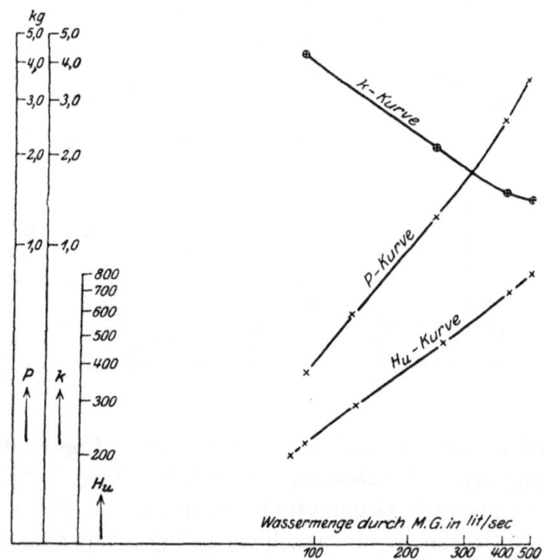

Abb. 14. Meßgitter. Versuche mit Rechtecküberfall $b = 606$ mm. Eichung des M.G. nach den Gleichungen $P = k \cdot Q^2$ bzw. $k' \cdot \dfrac{Q^2}{H_u}$. Bei wechselnder Wassermenge und voll geöffnetem Drehtor.

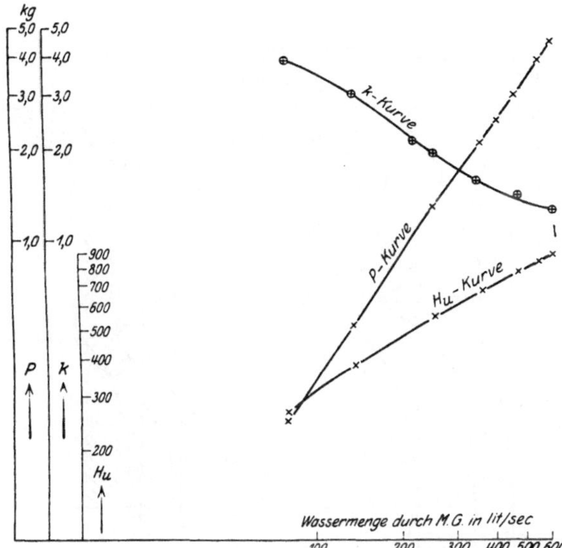

Abb. 15. Meßgitter. Versuche mit Kreisrundüberfall 1300/1000. Eichung des M.G. nach den Gleichungen $k = Q^2$ bzw. $k' = \dfrac{Q^2}{H_u} = P$. Bei wechselnder Wassermenge und voll geöffnetem Drehtor.

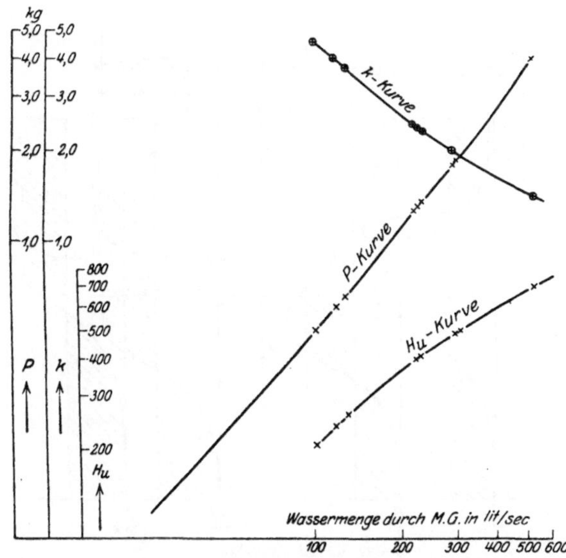

Abb. 16. Meßgitter. Versuche mit Rechtecküberfall $b = 1308$ mm. Eichung des M.G. nach den Gleichungen $P = k \cdot Q^2$ bzw. $= k' \dfrac{Q^2}{H_u}$. Bei wechselnder Wassermenge und voll geöffnetem Drehtor.

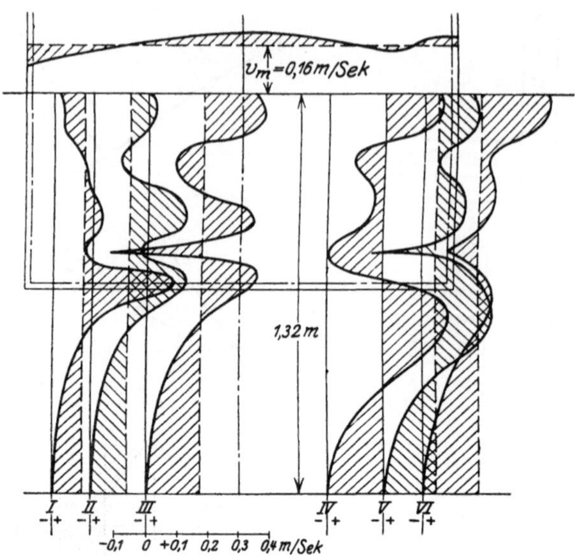

Abb. 17. Geschwindigkeitsbild vor dem Meßgitter. Drehtor fast geschlossen. $(H_u)_1 = 640$ mm. Rechtecküberfall 1300 mm. Vers. v. 23. 3. 20 3^{50} bis 4^{45} n. Qm $= 0,16 \cdot 1,32 \cdot 1,4 = 0,296$ cbm/sek.

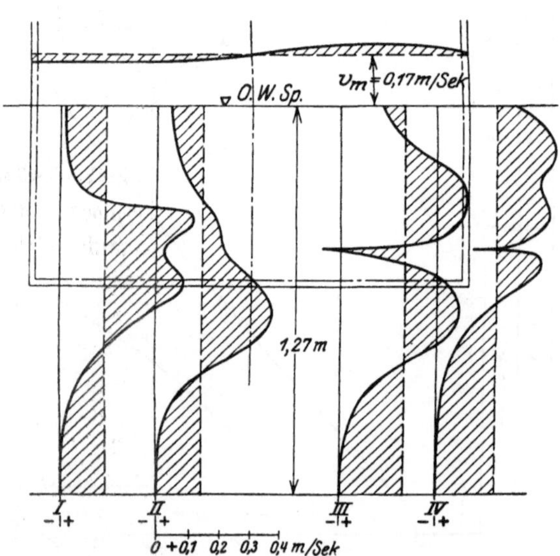

Abb. 18. Geschwindigkeitsbild vor dem Meßgitter. Drehtor fast geschlossen. $(H_u)_1 = 592$ mm. Rechtecküberfall 1300 mm breit. Vers. v. 19. 3. 20 3^{45} bis 4^{10} nachm. Qm $= 0,17 \cdot 1,27 \cdot 1,4 = 0,302$ cbm/sek.

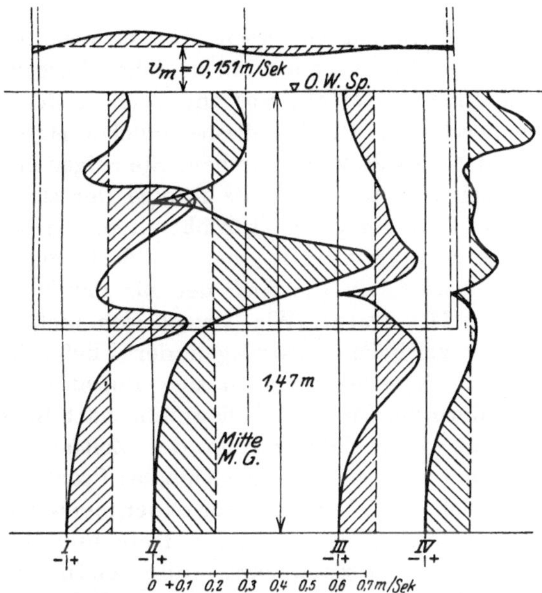

Abb. 19. Geschwindigkeitsbild vor dem Meßgitter. Drehtor fast geschlossen. $(H_u)_1 = 790$ mm. Rechtecküberfall 1300 mm breit. Vers. v. 19. 3. 20 4^{15} bis 5^0 nachm. $Qm = 0,151 \cdot 1,47 \cdot 1,4 = 0,311$ cbm/sek.

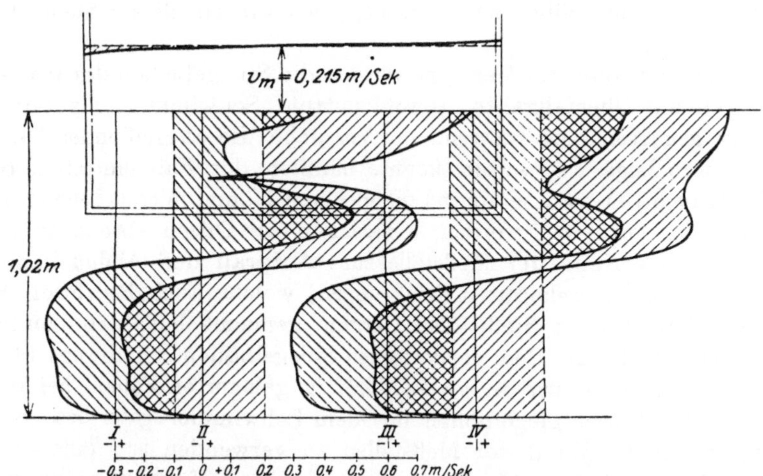

Abb. 20. Geschwindigkeitsbild vor dem Meßgitter. Drehtor voll geöffnet. $(H_u)_1 = 340$ mm. Rechtecküberfall 1300 mm breit. Vers. v. 26. 3. 30 3^{15} bis 4^{03} nachm. $Qm = 0,215 \cdot 1,02 \cdot 1,4 = 0,307$ cbm/sek.

entnehmen. Nach diesen Beziehungen wäre es bei Annahme drei-dimensionalen stationären Fließens möglich, die Abhängigkeit[1]) von h

---

[1]) Diese Annahme trifft in Wirklichkeit keineswegs zu und würde zu Er-gebnissen führen, die von den Versuchen keineswegs bestätigt werden.

und c gesetzmäßig festzulegen, wenn man es nicht vorzieht, diese Abhängigkeit unmittelbar nach den tatsächlichen Verhältnissen durch den Versuch klarzustellen, was im vorliegenden Falle mittels Pitotröhren geschehen ist. Die diesbezüglichen Messungen sind in den Abbildungen 17 bis 20 wiedergegeben. Sie zeigen die Vielgestaltigkeit und Schwierigkeit des Problemes infolge der starken Turbulenz des Wassers vor dem Meßgitter. Obwohl diese Turbulenz an sich für die Versuche nicht günstig ist, hat sie doch die Durchführung derselben nicht gestört, ein Umstand, der für das Meßverfahren als solches spricht. — Die Frage: „Wie bewegt sich fließendes Wasser?" dürfte infolge der zeitlichen Änderungen der Fließbedingungen, die sich während der Versuche durch stetige Pulsationen der Druckdifferenzen (Wandern der Spitzen im Diagramm nach Höhe und Breite) ausdrückten, nicht ohne Zuhilfenahme des Zeitfaktors als weitere Veränderliche, somit nur als vierdimensionales Problem eine restlose Beantwortung finden. Ein Vorschlag zur experimentellen Erforschung wäre hier die Anordnung mehrerer nach Tiefe und Breite verteilter Pitotröhren und die kinematographische Aufnahme der pulsierenden Druckdifferenzen nach Art des Colschen Pitotmeters. Aus dem auch bei konstanter Wassermenge stets wechselnden Strömungsbild wären die nach Zeit und Ort wechselnden Größen der Wasserbewegung näher zu erforschen, worauf an dieser Stelle hingewiesen sei.

Zur Kontrolle der Versuche wurden die Spiegelhöhen des Wassers bezogen auf Überfallkante, sowohl mittels Schwimmer, als mittels Taster gemessen. Da während der Versuche die ausgießenden Düsen selbst ihre Lage wechselten, konnte nämlich der Fall eintreten, daß bei gleichem Unterwasserspiegel die gleichen Höhen mittels Schwimmer verschieden gemessen werden, je nachdem die Düsen abseits oder in unmittelbarer Nähe der Meßstelle zum Aufprall und Abfluß kamen. Dies bestätigt die bekannten Erfahrungen, welche auch Rehbock bei seinen Versuchen in fließendem Gerinne gemacht hat, daß nämlich der Lagendruck mit den geodätischen Spiegelhöhen keineswegs identisch ist, und daß, wie in vielen derartig gelagerten Fällen, bei Messungen der Wasserspiegelhöhen mit dem Schwimmer ganz besondere Sorgfalt auf die Wahl der Meßstellen zu verwenden ist, falls nicht außer der Schwimmerablesung auch noch eine auf einem völlig verschiedenen Prinzip aufgebaute Messung der Spiegelhöhe erfolgt, welche, wie im vorliegenden Falle durch den Pendeltaster eine gewisse Kontrolle ermöglicht.

Würden die k-Werte für die verschiedenen Überfallformen auch unter sich konstante Größe besitzen, so würde das besagen, daß bei einer bestimmten Wassermenge die Gitterreaktion indirekt proportional

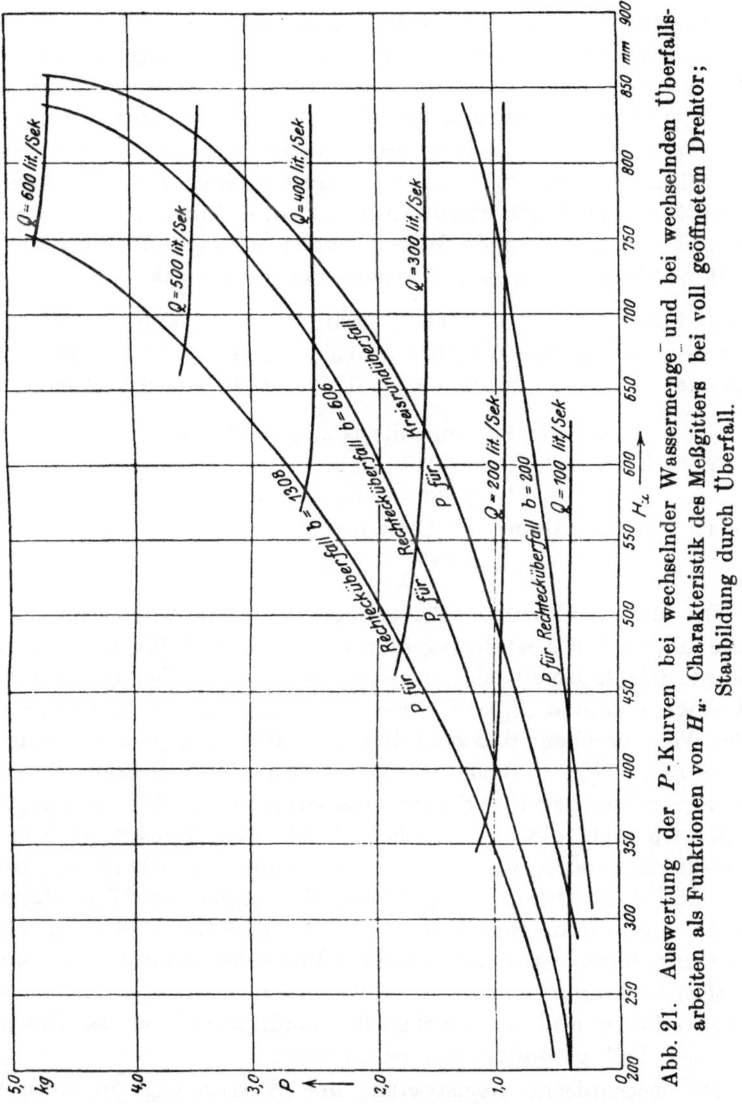

Abb. 21. Auswertung der P-Kurven bei wechselnder Wassermenge und bei wechselnden Überfallsarbeiten als Funktionen von H_u. Charakteristik des Meßgitters bei voll geöffnetem Drehtor; Staubildung durch Überfall.

mit der Stauhöhe und direkt proportional mit dem Quadrat der Geschwindigkeit auftritt. Es wäre dann nicht gleichgültig, ob der Durchtritt von beispielsweise 200 l/sek durch das Meßgitter mit einer dem 200er Überfall entsprechenden Stauhöhe von 730 mm oder einer dem 1300er Überfall entsprechenden Stauhöhe von 362 mm erfolgt. Diese Verhältnisse sind in dem aus den Abb. 9 bis 12 abgeleiteten Kurvenblatt, Abb. 21, klargestellt, in welchem die Reaktionen P für konstante Wassermengen bei den mit den Überfallhöhen wechselnden Stauhöhen H_u aufgetragen sind. Es zeigt sich dabei erfreulicherweise, daß die Gitterreaktion eben infolge Veränderlichkeit der k'-Werte mit wechselnder Überfallform nahezu von der Stauhöhe H_u unabhängig ist und daß das Verhältnis der zunehmenden Gitterreaktion mit zunehmender Wassermenge, welches gleichzeitig den Maßstab für die Registrierung der Wassermengen bildet, für beliebige Stauhöhen nahezu konstant ist. So ergibt sich für zunehmende Wassermengen von $Q = 0$ bis 600 Liter bei $H_u = 740$ mm folgende Zunahme der Gitterreaktion:

$Q =$ in l/sek	0	100	200	300	400	500	600
Gitterreaktion P in kg	0	0,365	0,9	1,6	2,5	3,42	4,85
Zunahme		0,365	0,535	0,70	0,90	0,92	1,43

bei H_u 840 mm die Gitterreaktionen P

$Q =$ in l/sek	0	100	200	300	400	500	600
P	0	0,365	0,9	1,60	2,49	3,44	4,70

demnach eine Zunahme der Gitterreaktion von

	0,365	0,535	0,70	0,89	0,90	1,36

Mit anderen Worten: Bei geringer Veränderlichkeit des Staues ist die untersuchte Ausführungsform des Meßgitters für das praktische Meßbedürfnis hinreichend genau. So würde sich bei $Q = 400$ l/sek und einer Stauhöhe $H_u = 600$ mm ein Fehler in der Wassermessung in der Weise ergeben, daß statt 400 l/sek 407 l/sek gemessen würden, das ist rund $2\,{}^0/_0$ zu viel. Bei einer Stauhöhe von 800 mm würde sich dagegen wieder die richtige Wassermenge zu 400 l/sek ergeben haben. Ob sich diese Stauhöhen durch den Einbau wechselnder Überfallformen oder, wie in der Praxis wohl anzunehmen ist, durch den natürlichen Abfluß entsprechend der jeweiligen Wasserführung ergeben, dürfte ohne Belang sein. Es wird dies bis zu einem gewissen Grade auch durch den zweiten Teil der Versuche bestätigt, bei welchen künstlich die Staubildung durch das Drehtor bei konstanter Wassermenge erfolgte und bei welchen die Veränderlichkeit der Reaktion für diesen Fall gesondert untersucht wurde.

Die mechanische Registrierung der Wassermenge in Form von Diagrammen wurde sowohl während der Praktikumsversuche als auch bei den Nachversuchen vorgenommen. Die Versuchsdiagramme in Abb. 22 zeigen typische Fälle der Registrierung. Bemerkenswert bei diesen Diagrammen sind die in den Gitterreaktionen zutage tretenden Pulsationen, die in dem Diagramm vom 26. 3. 20 besonders deutlich zu erkennen sind. Die Stärke der Pulsation erscheint, wie bei zunehmender und abnehmender Wassermenge (Füllung der Turbinenkammer bis zur Erreichung des Beharrungszustandes sowie nachfolgende Entleerung) ohne weiteres festzustellen ist, lediglich von der Wassermenge abhängig, wenn von der technischen Ausführung der Dämpfung selbst abgesehen wird. Sie ist dabei nicht unbeträchtlichen Schwankungen sowohl nach Zeit und Größe unterworfen, wobei auch die von Rümelin[1]) aufgestellten Grundsätze der Pulsation (Satz I: „Die Pulsationszeit $\mathfrak{p}$ in einem Profilpunkt oszilliert um einen konstanten Mittelwert"), (Satz III: „Die Pulsationszeit $\mathfrak{p}$ oszilliert für ein und dasselbe Querprofil um einen konstanten Mittelwert, sie ist unabhängig von der horizontalen Geschwindigkeitsverteilung und von der Lage des Stromstriches") bestätigt werden. Satz II: „Die Pulsationszeit $\mathfrak{p}$ oszilliert für ein und dieselbe Vertikale um einen konstanten Mittelwert, sie ist unabhängig von der lokalen Geschwindigkeit in den einzelnen Vertikalpunkten" konnte naturgemäß nicht kontrolliert werden, da nur die Gesamtpulsation des Meßgitters, gewissermaßen das Integral aller Pulsationen, nicht aber die Pulsation eines einzelnen Vertikalpunktes festgelegt wurde.

Wendet man das von Rümelin aufgestellte Pulsationsgesetz

$$\mathfrak{p} \cdot v_m = \text{ungefähr } H_m,$$

wobei $\mathfrak{p}$ die Pulsationszeit in Sekunden, v_m die mittlere Pulsationsgeschwindigkeit und H_m die mittlere Wassertiefe bedeutet, beispielsweise auf das Diagramm vom 12. 8. 1919, Nr. 897 (Anlage Nr. 24), an, so ergibt sich nach Rümelin

$$\mathfrak{p} \cdot v_m = H_m = 1{,}30 \text{ m.}$$

Gemessen wurde $H_u = 0{,}709$ m. Ob diese Differenz in der Versuchsanordnung begründet ist, oder ob durch die Gitterversuche die Rümelinsche Pulsationstheorie in Zweifel zu ziehen wäre, soll an dieser Stelle nicht entschieden werden. Immerhin ergibt sich auch aus diesem Versuch eine Möglichkeit der Erklärung dahingehend daß als Tiefe des fließenden Wassers sowohl die Größe 0,709 m (ohne Totwasser gerechnet) als auch ein um rund 700 mm größerer Wert der Tiefe (bis auf den Gefäßboden gemessen) eingesetzt werden könnte[2]). In letzterem Falle würden die angegebenen Meßgitterversuche die Rümelinsche Pulsationstheorie in hinreichendem Umfange bestätigen. Die nachfolgende Tabelle gibt eine Zusammenstellung der Meßgitterversuche, welche zu einer Kontrolle der Rümelinschen Pulsationstheorie heranzuziehen waren. Die zu diesen Versuchen gehörigen Originaldiagramme sind für das beobachtete Gebiet der Pulsation auszugsweise in den Diagrammen Abb. 22 wiedergegeben.

---

[1]) Wie bewegt sich fließendes Wasser. Dresden 1913.

[2]) Von einem „Fließen des Wassers" kann innerhalb des Totwasserraumes kaum gesprochen werden.

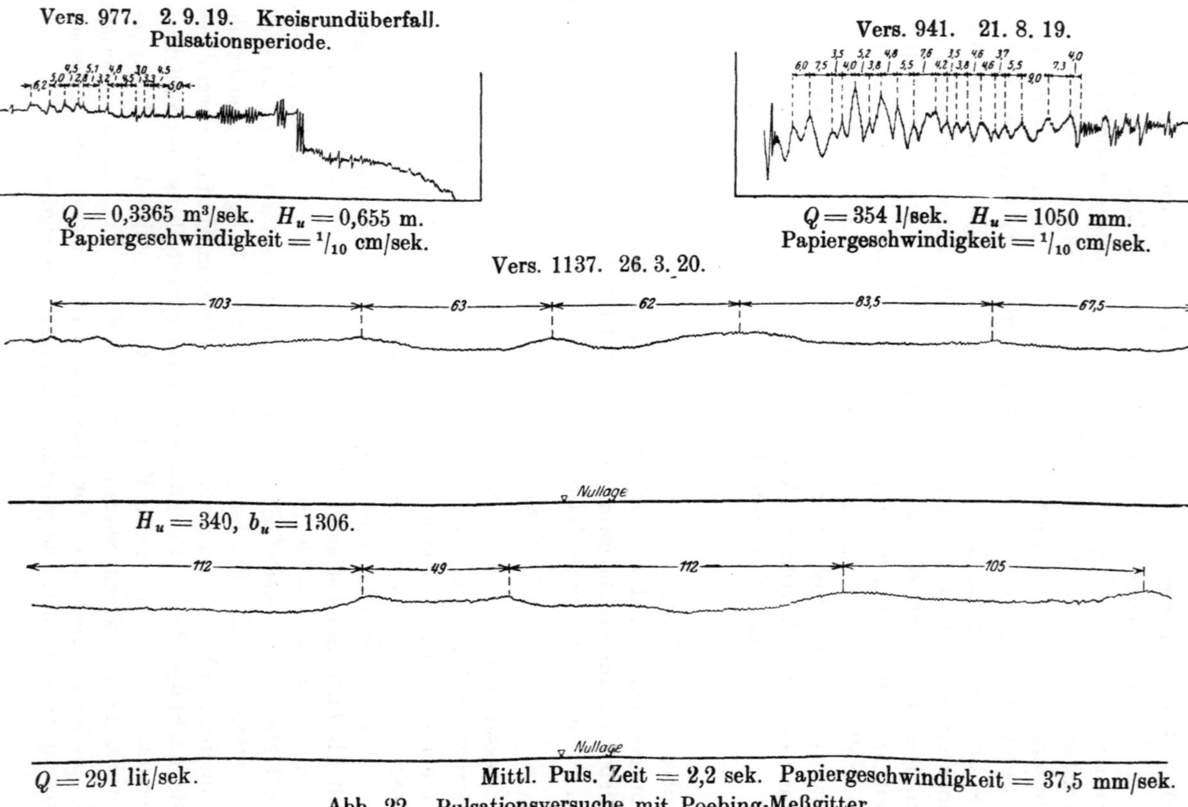

Abb. 22.   Pulsationsversuche mit Poebing-Meßgitter.

Vers. 897.   12. 8. 19.   Überfallbreite $b_u = 202{,}6$ mm.
Wechsel der Wassermenge durch Drosseln und Öffnen und Schließen des Drehtores innerhalb 42 sek.

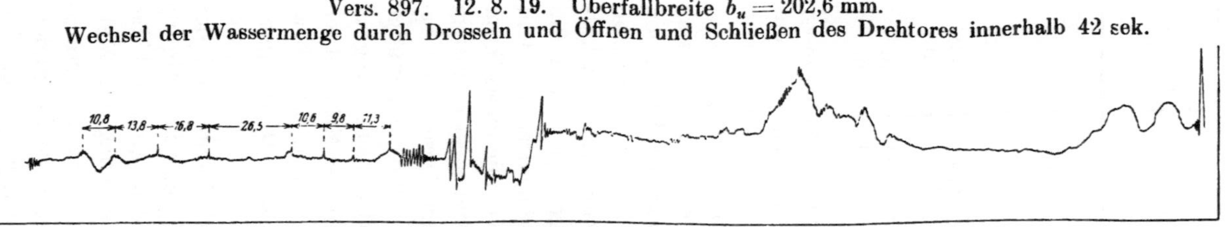

Größte Wassermenge etwa 202 l/sek.   Papiergeschw. $= 0{,}5$ cm/sek.

Praktik.   Versuch 11. 9. 19.   Normales Bild einer Versuchsdurchführung mit 2 verschiedenen Wassermengen und Kraftmessung während des Beharrungszustandes $b_0 = 1306$ mm.

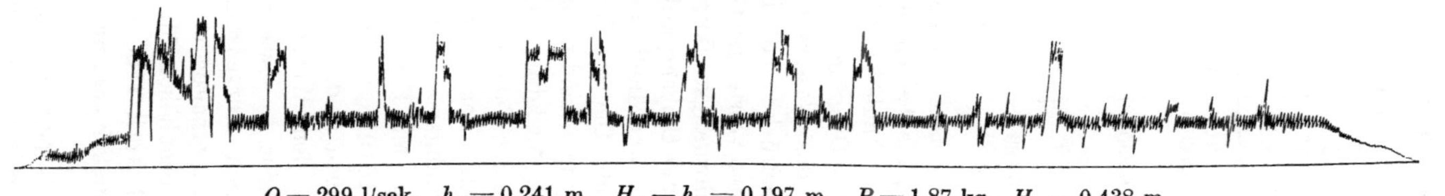

$Q = 299$ l/sek. $h_u = 0{,}241$ m, $H_u - h_u = 0{,}197$ m, $P = 1{,}87$ kg, $H_u = 0{,}438$ m.

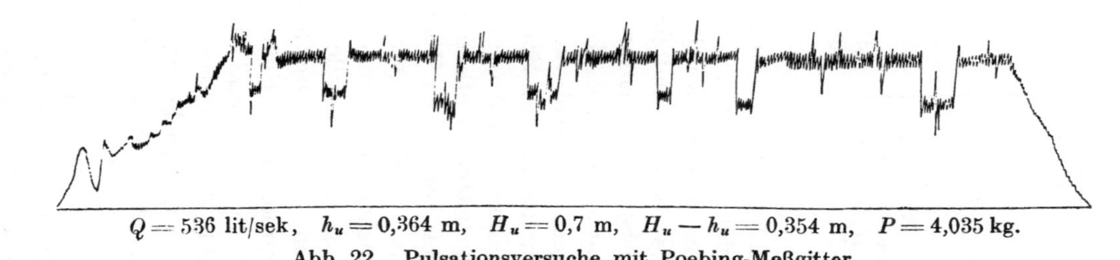

$Q = 536$ lit/sek, $h_u = 0{,}364$ m, $H_u = 0{,}7$ m, $H_u - h_u = 0{,}354$ m, $P = 4{,}035$ kg.

Abb. 22.   Pulsationsversuche mit Poebing-Meßgitter.

Tabelle 5.
(Pulsationsversuche.)

Lfd. Nr. . . .	1	2	3	4	5	Dimen-sion
Vers. Nr. . . .	855	897	941	977	1137	
Datum	5. 8. 19	12. 8. 19	21. 8. 19	2. 9. 19	26. 3. 20	
Q	0,1308	0,1915	0,354	0,3365	0,291	cbm/sek
H_u	0,286	0,709	1,050	0,655	0,419	m
$v_m = Q : H_u \cdot \dfrac{1 \cdot 4 \cdot 2}{3}$	0,488	0,290	0,314	0,480	0,742	m/sek
$\mathfrak{p}$	1,89	4,46	4,97	4,30	2,20	sek
$H = \mathfrak{p} \cdot v_m$ (nach Rümelin)	0,92	1,30	1,560	2,060	1,64	m
$H_u + 0,130$[1])	0,416	0,839	1,180	0,785	0,549	m
$H_u + 0,680$[2])	0,966	1,389	1,730	1,335	1,099	m

Von Interesse sind, wie bereits angegeben, die Geschwindigkeits-
bilder vor dem Meßgitter, die bei konstanter Wassermenge von ungefähr 300 l/sek zwischen Stauhöhe $H_u = 330$ bis $H_u = 1000$ mm
aufgenommen worden. Die Diagramme, Abb. 17 bis 20, zeigen hier
die starke Wirbelbildung des Wassers vor dem Meßgitter, die sich
insbesondere dadurch ausdrückt, daß in den einzelnen Vertikalen
sowohl negative als positive Werte der Geschwindigkeiten zu messen
sind, und daß die Geschwindigkeitskurven der einzelnen Vertikal-
punkte deutlich Spitzen und Umkehrpunkte aufweisen, die durch die
Bildung von Wasserwalzen und ähnlichen Wirbelströmungen vor dem
Meßgitter zu erklären sind. Die aus den Messungen mit Pitotröhren
sich ergebenden Wassermengen sind naturgemäß nicht so genauwertig
als die Messungen mittels Meßgitter, Überfall und Düsen. Sie erreichen jedoch im vorliegenden Falle mit Rücksicht auf die ungünstige
Lage der Meßstelle immerhin den bemerkenswerten Genauigkeitsgrad
von $\pm 7^0/_0$. Die Geschwindigkeitswerte an den einzelnen Meßpunkten
wurden nach Eichkurven der Eichversuche vom 17. 1. 1919 bzw.
31. 1. 1919 und 3. 2. 1919 ermittelt, die in den Diagrammen
Abb. 6 und 7 wiedergegeben sind.

Um unabhängig von dem Wechsel der Überfallbreite und der
damit bedingten Überfallhöhe h_u sowie Stauhöhe H_u eine Bestätigung
der in Abb. 21 gefundenen Kurvenscharen für den Einzelfall bei
konstanter Wassermenge zu erhalten und eine Berechnung des Meßgitters bei verschiedenen Stauhöhen für Fälle der Praxis zu ermöglichen, wurden März und April 1920 spezielle Nachversuche gleichzeitig mit den Geschwindigkeitsmessungen bei konstanter Überfalls-

---

[1]) Wassertiefe bis zur Überfallkante gemessen (ohne Totwasser).
[2]) Wassertiefe bis zum Gerinneboden gemessen (mit Totwasser).

breite $b_u + 1300$ und konstanter Wassermenge von $Q = 300$ l/sek ausgeführt, bei welchen sich die Veränderlichkeit der Stauhöhen durch allmähliches Schließen des Drehtores hinter dem Meßgitter erreichen ließ.

Betrachtet man jeden einzelnen Rechenstab des Meßgitters als einen feststehenden Körper, dessen ebene Fläche im Flüssigkeitsstrom einen Stoß durch das zuströmende Wasser erfährt, so ergibt sich die reine Stoßkraft nach Dubuat[1]) aus dem Erfahrungsgesetz:

$$P_1 = \gamma \cdot A \cdot H \cdot (m + n).$$

Dabei bedeutet H die der mittleren Geschwindigkeit des fließenden Wassers entsprechende Druckhöhe $\left(H = \dfrac{v^2}{2\,g}\right)$, m und n bedeuten konstante Werte, und zwar $n \cdot H$ den positiven hydraulischen Druck auf die Vorderfläche, $m \cdot H$ den negativen hydraulischen Druck auf die Hinterfläche, A bedeutet den Inhalt der Fläche in qm, γ die Dichte der Flüssigkeit. Die mittels Schwimmer gemessenen Druckdifferenzen $h_s = H(m + n)$ vor und hinter dem Meßgitter ergeben beispielsweise nach dem Versuchsprotokoll vom 30. 3. 20 für wechselnde Stauhöhen folgende Werte P_1, reduziert auf die Hebellänge $l = 1830$ mm:

$$H_u = \quad 40 \quad\quad 50 \quad\quad 60 \quad\quad 70 \quad\quad 80 \quad\quad 90 \text{ cm}$$
$$P_1 = \quad 1{,}41 \quad 1{,}25 \quad 1{,}21 \quad 1{,}29 \quad 1{,}41 \quad 1{,}48 \text{ kg}$$

Dabei ergibt sich unter Bezug auf die Abb. 23 die angenäherte Berechnung dieser Werte P_1 nach folgender Formel:

$$P_1 \cdot l = P' \cdot (18{,}5 + H_u/2) + P'' \cdot 10{,}5$$
$$= \frac{h_s \cdot b \cdot H_u}{3 \cdot 1000}\left(18{,}5 + \frac{H_u}{2}\right) + \frac{h_s \cdot b}{1000} \cdot 16{,}0 \cdot 10{,}5,$$

woraus

$$P_1 = h_s \cdot \frac{b}{l} \cdot \left[\frac{H_u}{3000} \cdot \left(18{,}5 + \frac{H_u}{2}\right) + 16{,}0 \cdot \frac{10{,}5}{1000}\right],$$

wobei alle Maße in cm einzusetzen sind und b die Breite des Meßgitters $= 140$ cm, l die Hebellänge $= 183$ cm, H_u die Stauhöhe und h_s die mittels Schwimmer gemessenen Differenzen der Wasserspiegel vor und hinter dem Meßgitter, somit den Stau bedeuten.

Da man sich nach einem Vorschlag Camerers die durch die Federung des Registrierapparates gemessene Gesamtreaktion P des Meßgitters in zwei Teile zerlegt denken kann, nämlich einen Teil P_1, der die Wirkung der Stoß- oder Staukräfte darstellt, und einen Teil P_2, der die Wirkung der Schleppkraft entsprechend der Reibung des Wassers an den Seitenwänden zum Ausdruck bringt, nachdem ferner

---

[1]) Dubuat, Principes hydrauliques, Bd. III, S. 151—162.

die Gesamtreaktion P unmittelbar gemessen wurde und P_1 entsprechend den Werten h_s aus der angegebenen Formel rechnerisch zu ermitteln ist, ergibt sich der Kraftverlauf P_2 jeweils als Differenz

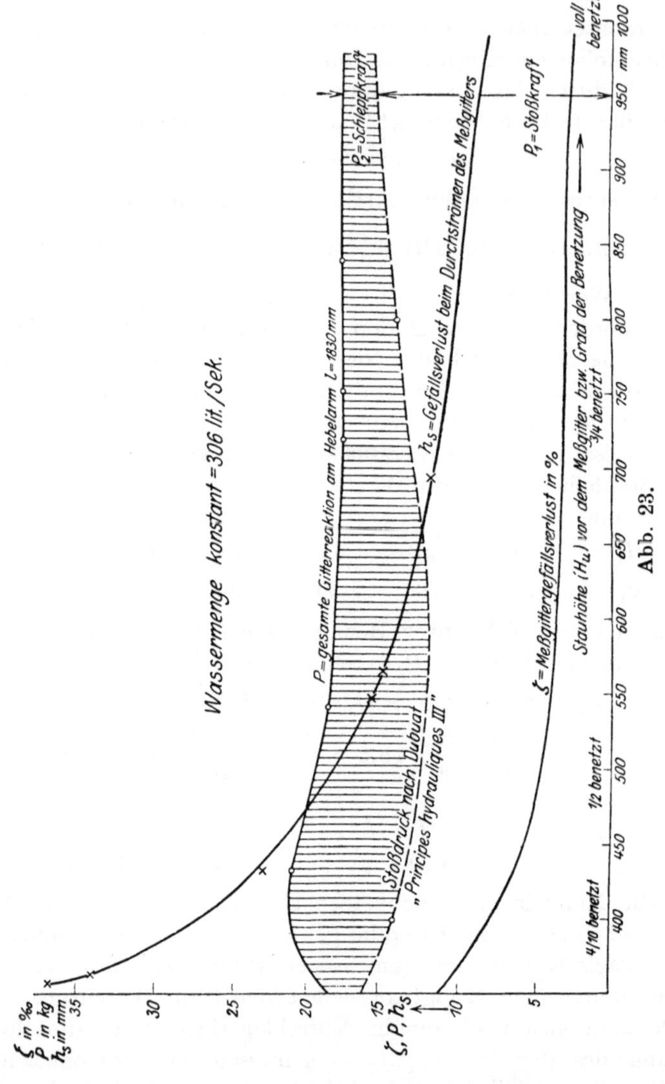

zwischen P und P_1 [1]). Das Diagramm Abb. 23 zeigt in diesem Sinne den Kräfteverlauf der Stau- und Schleppkräfte unter der Voraus-

---

[1] Nach Forchheimer würde zwischen Stau- und Schleppkräften im eigentlichen Sinn nicht zu unterscheiden sein, da der Stau eben die Wirkung der Schleppkräfte darstellt, eine Ansicht, welcher durch den Verfasser beigepflichtet wird.

setzung der Giltigkeit der Dubuatschen Formel für die Strömungs-
verhältnisse des Meßgitters und mit dem Vorbehalt der Richtigkeit
der mittels Schwimmer gemessenen Werte h_s.

Bezüglich des Kräfteverlaufes der Gesamtreaktion P des Meßgitters ist bemerkenswert, daß, wie aus dem vorgenannten Diagramm
ersichtlich, diese Reaktion innerhalb erheblicher Änderungen der
Stauhöhe, nämlich zwischen 650 und 950 mm, entsprechend einem
Benetzungsgrad des Meßgitters zwischen $^1/_2$ bis $^1/_1$, nahezu konstant
war und daß bei abnehmender Stauhöhe eine nur geringfügige Zunahme der Reaktionskraft erfolgte. Bei Auftragung der Dubuatschen
Stoßkraft ergibt sich aus dem vorgenannten Diagramm unmittelbar,
daß die auf das Meßgitter wirksamen Schleppkräfte mit zunehmender
Stauhöhe geringer werden, während die Stoß- oder eigentlichen
Staukräfte anwachsen.

Von besonderem Interesse sind beim vorliegenden Diagramm
die beim Durchströmen durch das Meßgitter auftretenden Gefällsverluste h_s, wenn dieselben auf das tatsächliche Nutzgefälle bezogen
werden, das zwischen Oberwasserspiegel Turbinenkammer und Unterwasserspiegel Ablaufkammer jeweils zu beobachten war. Es zeigt
sich nämlich, daß trotz zunehmender Stauhöhe, somit trotz Verringerung des absoluten Gefälles die Gefällsverluste in jedem Fall ab-
nahmen, wie nachfolgende Tabelle zeigt:

$$Q = 306 \; l \; sek = konstant.$$

Stauhöhe H_u	450	550	650	750	850	950 mm
Gefällsverlust h_g	22,0	15,7	12,9	11,2	9,9	8,9 „

Rechnet man den Einbau des Meßgitters zur Wassermengen-
kontrolle für Nieder- bzw. Mitteldruckanlagen mit 5 bis 20 m Gefälle,
so ergeben sich die proportionalen Gefällsverluste außerordentlich
gering. Im praktischen Falle wird sich die Ausführung des Meßgitters bezüglich Gitterstärke und Benetzung in der Regel so bewerk-
stelligen lassen, daß die Gefälls- und damit die Leistungsverluste
einen Durchschnittswert von $0,1\,^0/_0$ nicht überschreiten.

5. Ergebnis.

Als praktisch - technische Ergebnisse der vorliegenden Arbeit
können folgende Punkte festgelegt werden:

1. Durch das angegebene Verfahren ist eine fortlaufende Registrierung der strömenden Flüssigkeit nach Zeit und Menge ohne
mechanische Handhabung möglich.

2. Der Genauigkeits- und Empfindlichkeitsgrad der Messung
hängt von der Ausführung des Meßgitters sowie davon ab, daß bei

Schwankungen des Wasserspiegels die halbe Benetzung des Meßgitters nicht unterschritten und daß das Meßgitter vor mechanischen
Verunreinigungen geschützt angebracht wird. In dem vorliegenden
Fall der Ausführung wurde der Genauigkeitsgrad und der Empfindlichkeitsgrad der Wassermessung bei einer mittleren Wassermenge
von 300 l/sek zu $2{,}5\,^0/_0$ ermittelt.

3. Die durch das Meßverfahren bedingten Gefällsverluste bzw.
Leistungsverluste sind außerordentlich klein, so daß sich das Meßverfahren insbesondere für Niederdruckanlagen eignet.

4. Das angegebene Verfahren einer Messung strömender Flüssigkeitsmengen durch Reaktionsbestimmung der Widerstandskörper,
zwischen welchen die zu messende Flüssigkeit hindurchtritt, hat sich
als praktisch brauchbar erwiesen.

Betrachtungen über Abfluß, Stau- und Walzenbildung bei fließenden Gewässern
und ihre Verwertung für die Ausbildung des Überfalles bei der Untertunnelung der Sihl durch die linksufrige Seebahn in der Stadt Zürich. Untersuchungen aus dem Flußlaboratorium der Technischen Hochschule in Karlsruhe. Von Prof. **Th. Rehbock,** Oberbaurat, Professor an der Technischen Hochschule „Fridericana" in Karlsruhe. Mit 28 Textabbildungen, 13 Plänen und 23 Tafeln mit 66 Photographien in Autotypie. 1917. Preis M. 28,—.

Berechnung der Wasserspiegellage beim Wechsel des Fließzustandes.
Von Dr.-Ing. **Paul Böß,** Assistent am Flußlaboratorium der Technischen Hochschule zu Karlsruhe. Mit 13 Abbildungen und 7 Plänen. 1919. Preis M. 8,—.

Strömungsenergie und mechanische Arbeit.
Beiträge zur abstrakten Dynamik und ihre Anwendung auf Schiffspropeller, schnelllaufende Pumpen und Turbinen, Schiffswiderstand, Schiffssegel, Windturbinen, Trag- und Schlagflügel und Luftwiderstand vonGeschossen. Von **Paul Wagner,** Oberingenieur in Berlin. Mit 151 Textfiguren. 1914.
Gebunden Preis M. 10,—.

Allgemeine Theorie über die veränderliche Bewegung des Wassers in Leitungen.
I. Teil: **Rohrleitungen.** Von **Lorenzo Alliévi.** Deutsche, erläuterte Ausgabe von **Robert Dubs** und **V. Bataillard.**
II. Teil: **Stollen und Wasserschloß.** Von **Robert Dubs.** Mit 35 Textfiguren. 1909. In einem Bande Preis M. 10,—.

Energieumwandlungen in Flüssigkeiten.
Von **Dónát Bánki,** Maschineningenieur, ö. o. Professor an der Technischen Hochschule, Mitglied der Akademie der Wissenschaften zu Budapest.
Erster Band: **Einleitung in die Konstruktionslehre der Wasserkraftmaschinen, Kompressoren, Dampfturbinen und Aeroplane.** Mit 591 Textabbildungen und 9 Tafeln. 1921. Gebunden Preis M. 135,—.

Technische Hydrodynamik.
Von Dr. **Franz Prásil,** Professor an der Eidgenössischen Technischen Hochschule in Zürich. Zweite Auflage. In Vorbereitung.

Die Wasserkräfte,
ihr Ausbau und ihre wirtschaftliche Ausnutzung. Ein technisch-wirtschaftliches Lehr- und Handbuch. Von Bauinspektor Dr.-Ing. **Adolf Ludin.** 2 Bände. Mit 1087 Abbildungen im Text und auf 11 Tafeln. Preisgekrönt von der Akademie des Bauwesens in Berlin. Unveränderter Neudruck. 1922. Gebunden Preis M. 1500,—.

Über Wertberechnung von Wasserkräften.
Von Dr.-Ing. **Adolf Ludin,** und Dr.-Ing. Dr. rer. pol. **W. G. Waffenschmidt** (Karlsruhe i. B.) (Sonderdruck aus „Der Bauingenieur" 1921, H. 4.) 1921. (Auch als „Mitteilungen des Deutschen Wasserwirtschafts- und Wasserkraft-Verbandes E. V. Nr. 3 erschienen.) Preis M. 2,40.

Hierzu Teuerungszuschläge

Wasserkraftmaschinen. Ein Leitfaden zur Einführung in Bau und Berechnung moderner Wasserkraft-Maschinen und Anlagen. Von **L. Quantz,** Dipl.-Ing., Oberlehrer an der höheren Maschinenbauschule zu Stettin. Vierte, erweiterte und verbesserte Auflage. Mit 179 Textfiguren. 1922.
Preis M. 72,—.

Kreiselpumpen. Eine Einführung in Wesen, Bau und Berechnung neuzeitlicher Kreisel- oder Zentrifugalpumpen. Von Dipl.-Ing. **L. Quantz,** Stettin. Mit 109 Textabbildungen. 1922. Preis M. 90,—.

Die Theorie der Wasserturbinen. Ein kurzes Lehrbuch, Von **Rudolf Escher,** Professor an der Eidgenössischen Technischen Hochschule in Zürich. Zweite, vermehrte und verbesserte Auflage. Mit 357 Figuren im Text und auf 1 Tafel. 1921. Gebunden Preis M. 58,—.

Die Zentrifugalpumpen mit besonderer Berücksichtigung der Schaufelschnitte. Von Dipl.-Ing. **Fritz Neumann.** Zweite, verbesserte und vermehrte Auflage. Mit 221 Textfiguren und 7 lithogr. Tafeln. Zweite Auflage. Unveränderter Neudruck. 1922.
Gebunden Preis M. 300,—.

Die Kolbenpumpen einschließlich der Flügel- und Rotationspumpen. Von Prof. **H. Berg** in Stuttgart. Zweite, vermehrte und verbesserte Auflage. Mit 536 Textfiguren und 13 Tafeln. 1921.
Gebunden Preis M. 98,—.

Die Berechnung der Drehschwingungen und ihre Anwendung im Maschinenbau. Von **Heinrich Holzer,** Oberingenieur der Maschinenfabrik Augsburg-Nürnberg. Mit vielen praktischen Beispielen und 48 Textfiguren. 1921. Preis M. 60,—, gebunden M. 68,—.

Drehschwingungen in Kolbenmaschinenanlagen und das Gesetz ihres Ausgleichs. Von Dr.-Ing. **Hans Wydler,** Kiel. Mit einem Nachwort: Betrachtungen über die Eigenschwingungen reibungsfreier Systeme. Von Prof. Dr.-Ing. **Guido Zerkowitz,** München. Mit 46 Textfiguren. 1922. Preis M. 150,—.

Additional information of this book

(Zur Bestimmung strömender Flüssigkeitsmengen im offenen Gerinne; 978-3-662-22729-9) is provided:

http://Extras.Springer.com